悦读

职业素养篇

YUEDU

ZHIYE SUYANG PIAN

主　编 ◉ 刘金兰

副主编 ◉ 刘金凤　范春玥　郭婷婷

参　编 ◉ 杨　辉　李　颖

北京师范大学出版集团

BEIJING NORMAL UNIVERSITY PUBLISHING GROUP

北京师范大学出版社

图书在版编目(CIP)数据

悦读. 职业素养篇/刘金兰主编. —北京：北京师范大学出版社，2022.9

ISBN 978-7-303-27296-9

Ⅰ. ①悦…　Ⅱ. ①刘…　Ⅲ. ①职业道德—中等专业学校—教材　Ⅳ. ①B822.9

中国版本图书馆 CIP 数据核字(2021)第 200830 号

教材意见反馈　gaozhifk@bnupg.com　010-58805079
营销中心电话　010-58802755　58800035

YUEDU ZHIYE SUYANGPIAN
出版发行：北京师范大学出版社　www.bnupg.com
　　　　　北京市西城区新街口外大街 12-3 号
　　　　　邮政编码：100088
印　　刷：天津盛辉印刷有限公司
经　　销：全国新华书店
开　　本：889 mm×1194 mm　1/16
印　　张：14.75
字　　数：402 千字
版　　次：2022 年 9 月第 1 版
印　　次：2022 年 9 月第 1 次印刷
定　　价：38.80 元

策划编辑：王云英　　责任编辑：朱前前
美术编辑：焦　丽　　装帧设计：焦　丽
责任校对：张亚丽　　责任印制：陈　涛

前　言

随着我国进入新的发展阶段，产业升级和经济结构调整不断加快，各行各业对技术技能人才的需求越来越紧迫，职业教育的重要地位和作用越来越凸显。党的十八大以来，党中央把职业教育摆在了突出位置，党的十九大报告中进一步提出要完善职业教育和培训体系。2019 年 1 月，国务院颁布了《国家职业教育改革实施方案》，强调“职业教育与普通教育是两种不同教育类型，具有同等重要地位”。

职业教育肩负着培养高素质劳动者和技术技能人才的重要任务。如何让职业学校的学生真正成为国家发展的栋梁之材，已成为职业学校教育教学的重要思考内容。职业学校在提高学生技术技能水平的同时，还要加强对学生职业素养的培养，如引导学生规划职业生涯，正确认识职业，养成职业习惯，培养职业意识，以及形成职业道德。

本书分为 6 个专题，共计 18 个模块，90 篇“悦读”文章。本书以习近平新时代中国特色社会主义思想为指导，可以满足职业学校对学生进行职业素养教育的需求，作为阅读或辅助阅读材料帮助学生树立合适的职业目标，形成良好的职业意识，养成良好的职业道德和职业习惯，进而帮助学生获得优良的职业技能。

从每个模块的组成来看，每个模块均由“悦读导入”“悦读提示”“悦读文章”“知识小集市”“思想小引擎”“文化小支架”六个部分组成，便于学生在“悦读”之后进行适当的知识吸收、人生思考，以及进行中国优秀传统文化的涵泳。

本书的“悦读”文章皆撷取自与职业学校学生所学专业比较贴近的人物故事等，学生读起来会更易产生共鸣，也更易于职业素养的养成。

本教材由北京市供销学校刘金兰、刘金凤，北京市劲松职业高中范春玥、杨辉，北京市昌平职业学校郭婷婷、李颖共同编写而成。由于编写时间短、编者水平有限，文中难免有疏漏之处，请各位读者批评指正。

目 录

• 专题一　同学，你了解你将来从事的职业吗？

• 专题二　同学，注意你的职业习惯

• 专题三　同学，你应具备的职业意识

• 专题六 同学，你应具备的职业精神

专题一

同学，你了解你将来从事的职业吗？

俄国著名文学家托尔斯泰说过：“人活着，一定要有生活的目标。”无论对谁来说，要想在工作中取得重大成果，都必须树立正确而远大的理想。理想要高远，富有吸引力，并需要以顽强毅力去奋斗、去拼搏，因为理想是一个人行动的方向、追求的动力。

被誉为“中国的保尔·柯察金”的吴运铎说过：“革命理想，不是可有可无的点缀品，而是一个人生命的动力。有了理想，就等于有了灵魂。”可见，有生活目标和远大理想，有不懈的探索和追求精神是非常重要的。

理想是人生的灯塔，失去了理想，就会失去前进的目标，就会迷失人生的航向。一个人如果没有理想，就会失去生活的勇气。

模块一

认识你周围的大国工匠

悦读导入

2015年五一国际劳动节开始，央视新闻频道推出了8集系列节目——《大国工匠》，讲述了为长征火箭焊接发动机的国家高级技师高凤林等24位不同岗位劳动者的故事，叙述了他们用自己的灵巧双手，匠心筑梦的故事。探寻这群不平凡劳动者的成功之路，发现他们虽然没有进名牌大学、拿耀眼文凭，只是默默坚守，孜孜以求，但却在平凡岗位上，追求职业技能的完美和极致，最终脱颖而出，跻身“国宝级”技工行列，成为一个领域不可或缺的人才，成为真正的大国工匠。大国工匠们的感人故事以及生动实践，让我们看到了只有那些热爱本职、脚踏实地、勤勤恳恳、兢兢业业、尽职尽责、精益求精的人，才可能成就一番事业。为充分挖掘各个领域的大国工匠，2018年起国家连续开展了“大国工匠年度人物”评选活动，大批的大国工匠脱颖而出，如一颗颗耀眼的星星。

悦读一

为火箭铸“心”、为民族筑梦的大国工匠——高凤林

悦读提示

在2018年“大国工匠年度人物”的评选中，有这样一个人物：他突破极限精度，将“龙的轨迹”划入太空；破解二十载难题，让中国繁星映亮苍穹。焊花闪烁，岁月寒暑，为火箭铸“心”，为民族筑梦，他就是——中国航天科技集团有限公司第一研究院首都航天机械有限公司特种熔融焊接工、高级技师高凤林。

悦读文章

他，高凤林，出身普通的工人家庭，父亲在他5岁时去世。为了实现小时候对制造卫星的梦想，中学毕业后高凤林报考了首都航天机械公司技工学校，从此与航天结下不解之缘。通过两年技校的学习生活，他对航天有了初步了解，尤其对火箭发动机产生了更大的兴趣。因表现优秀，他被评为“三好学生”。毕业后被焊工车间从发动机车间抢回来的他，

着实经过了一段艰苦锤炼的时间，按他自己的话说，“就连吃饭时也拿筷子练习送丝的动作，喝水时端着盛满水的缸子练稳定性，休息时举着铁块练耐力，冒着高温观察铁水的流动规律”。师从多门的他，细心观察、耐心体味，不但学到了师父们良好的思想品质，技术上也汲取了各家之长，为今后的成长打下了坚实的基础。

身边的同学一个个或参加高考，或上电大、职大，而他却由于繁重的生产任务及大量的社会工作，失去了很多进修的机会。“人不能没有追求，而只有当人生的追求和社会的需要同步时，才能真正体现出自身的价值和人生的意义。”他对师父们对他的鼓励和特意给他讲的“怎样才能当个好工人”的经验如获至宝。师父说：“当好一个工人必须上 4 个台阶：首先要干得好，还要明白为什么能干好，要能说出来，并且还要写出来。”师父的一席话是嘱托，更是鞭策，鞭策他更加不懈地努力追求，在航天操作岗位上不断地发展。他抓住了业余学习的机会，经过 4 年的艰苦学习，完成了职大业余班的学习。

焊件表面温度高达几百摄氏度，因为要连续不断地在高温下操作，高凤林的双手被烤得发干、发焦、发煳，鼓起了一串串的水疱，可为了按时保质完成任务，他始终咬牙坚持着，以至于现在他的手上还有因严重烤伤留下来的疤痕。

为了完成国家“七五”攻关项目，他天天趴在冰冷的产品上，关节麻木了、青紫了，但他仍然坚持着，一趴就是几小时不下来，最后终于完成了任务。

在首台大喷管焊接中，他连续昼夜奋战 30 多天，由于长时间操作，腰、手臂近似于麻木，晚上回家要用热敷才能减轻痛苦，但一想到这是新型号大推力发动机，它的成功将使我国火箭的运载能力大幅度提高，第二天他又干劲十足地出现在了工作现场，由此被大家誉为“青年生力军”，我们的攻关尖兵。

2006 年，由世界 16 个国家和地区参与的 AMS-02 暗物质与反物质探测器项目，因为低温超导磁铁的制造难题陷入了困境。诺贝尔奖获得者丁肇中教授通过一些渠道打听到了高凤林，请他出手相助。高凤林没有推脱，凭借他丰富的实践经验和深厚的理论基础，陈述了自己的设计方案。精彩的设计方案最终获得美国宇航局和国际联盟的认可。最后高凤林还以美国宇航局特派专家的身份督导了项目的实施。一位专家这样评价高凤林：“你既有深厚的理论，又有丰富的实践经验，你是两个维度看问题，看来高技能人才是大有用武之地的！”

高凤林，一直扎根在航天第一线从事火箭发动机的焊接工作，在航天产品发动机型号的重大攻关项目中攻克两百多个难关，他还积极贡献自己的才智，在钛合金自行车、大型真空炉、超薄大型波纹管等多个领域填补了技术空白，为国民经济创造价值。“金手天焊”是高凤林技艺高超、屡屡攻克焊接技术难关的写照，更是新时代航天高技能工人风采的体现。

高凤林

知识小集市

火箭发动机的最大特点是利用冲量原理，自带推进剂，不依赖外界空气，所以它不但能在大气层内，也能在大气层之外的宇宙真空中工作。这是任何空气喷气发动机都做不到的。发射人造卫星、宇宙飞船以及各种宇宙飞行器所用的推进装置，都是火箭发动机。

思想小引擎

高凤林的梦想就是成为一名技术工人，他这个技术工人帮助卫星上了天，他的特殊才能是怎么炼成的？你有哪些特殊才能？你的技术能为国家做出哪些贡献？

文化小支架

咬定青山不放松，立根原在破岩中。千磨万击还坚劲，任尔东西南北风。

（清代郑板桥《竹石》）

悦读二

胸有凌云志、浓浓报国情的大国工匠——陈行行

悦读提示

青涩年华化为多彩绽放，精益求精铸就青春信仰。大国重器的加工平台上，他用极致

书写精密人生。胸有凌云志，浓浓报国情，他就是——中国工程物理研究院机械制造工艺研究所工人陈行行。

悦读文章

陈行行，1989 年 10 月出生在山东省微山县农村，家庭经济条件不好，只想上个技校，学好技术好找工作，从而能改善家里的条件。他毕业于山东技师学院，现已成为中国工程物理研究院机械制造工艺研究所的高级技师。他既精通多轴联动加工技术，又精通高速高精度加工技术，还精通参数化自动编程技术，尤其擅长薄壁类、弱刚性类零件的加工工艺与技术，是一位名副其实的一专多能的技术技能复合型人才。

早在上学时，陈行行就有着一股子不认输、不服软的冲劲儿，正是这股劲儿，使他连续考了 12 个操作证书，涉及电工、焊工、钳工、模具设计等一共 8 个工种。

毕业后，他勇于投身到国防建设事业中，努力为实现自己的强国梦、强军梦奋斗着。面对新知识、新工艺、新技术，他如饥似渴；面对军工产品的特点和要求，他备感责任重大，压力更大。曾经的他凭着刻苦钻研、踏实勤奋，获得第六届全国数控技能大赛加工中心(四轴)职工组第一名，被授予全国五一劳动奖章。就凭这个，单位领导将国内一流的高精尖数控设备交给他来操作，高精尖的国防尖端产品的活儿让他来干。因此，他为自己写下了这样的人生信条："投身国防，扎根岗位，技能成就人生，学习创造未来。"

他时刻用"铸国防基石，做民族脊梁""国家至上、事业第一""严肃认真、周到细致、稳妥可靠、慎之又慎、万无一失""铸神工、创一流"的文化理念激励自己。当遇到困难时，他总是这样想："有的人一条道走不通就算了，但我会想这样走行不行，那样走行不行。"工作中他凭借扎实、深厚的专业功底和敢于创新的精神，以技术革新推动了技术的进步，攻坚克难，为我国的国防事业啃下了一块又一块"硬骨头"。

他的手，使产品合格率超过了 50%；他的手，用比头发丝还细 0.02 毫米的刀头，在直径不到 2 厘米的圆盘上打出 36 个小孔，难度超过用绣花针给老鼠种睫毛。这些，他都做到了。陈行行推翻以前的工艺，优化设备、程序、加工方法后，又成功将某分子泵动叶轮 144 片薄壁叶片实现整体加工，加工时间由原来的 9 小时提升到了仅 2 小时，效率提高 3.5 倍，加工质量也大幅提升……

他非常善于学习，就像他自己描述的那样："当我看到别人在学习的时候，我会更加努力学习。别人学一小时，我就要学两小时。"所以他除了工作和睡觉，其余时间都在学习。他是单位名副其实的技术骨干。他善于创新，因为创新已经融入他的血液。中国人民抗日战争暨世界反法西斯战争胜利 70 周年阅兵式上，当他看到自己做的零件能在战略武器方队出场时，他和同事们非常激动。"想到我做的某个零件，在这里边可能发挥了什么作用，感觉特别过瘾。”“我们干的活儿，让我们的国家在国际上说话有分量，站着腰杆能硬。虽然我只是一颗小螺丝钉，但非常自豪。”他说道。

2012年以来，陈行行多次参加四川省和国家级技能比赛，凭借良好的心理素质、精湛的技能技术、全面的综合能力，获得第六届全国数控技能大赛加工中心(四轴)职工组第一名，并曾两次获得全国数控技能大赛四川省选拔赛职工组加工中心(四轴)第一名。

2018年，他凭借自己的实力，成为当时最年轻的一位大国工匠，曾有人问他的匠心是什么，他的回答是：“能够长期沉下心、静下心、不断学习，专心把一件事情做好。”

陈行行曾给职校生寄语：技能是职校生的核心竞争力，同学们要充分抓住各种机遇锻炼和提高自己，努力拼搏，发挥自己的潜力，证明自己的价值。

这就是一个从技校里走出来的大国工匠。

知识小集市

世界技能大赛数控车项目是指使用数控车床对金属零件进行加工的竞赛项目，其中包括用常用的手动工具配合完成的相关工作。参赛选手需要根据图纸进行数控编程、选择刀具、安装刀具、设定刀偏等工作，并加工含有IT 6级精度和高于IT 6级精度的回转体工件。数控车竞赛项目允许在机床数控系统上直接编写程序，也可以利用CAM软件进行自动编程。

世界技能大赛数控车项目的比赛通常包括铝合金或碳钢材料回转体工件车/铣加工、铸铝材料回转体工件小批量加工、碳钢材料回转体工件加工3个模块，赛程为4天，每个模块的比赛时间为4～5小时。

思想小引擎

陈行行在学校期间就已成为一名复合型人才，什么是复合型人才？你现在也在学校学习，你离复合型人才还有多远？

陈行行

文化小支架

制出将来之少年中国者，则中国少年之责任也。……故今日之责任，不在他人，而全在我少年。少年智则国智，少年富则国富；少年强则国强，少年独立则国独立；少年自由则国自由，少年进步则国进步；少年胜于欧洲则国胜于欧洲，少年雄于地球则国雄于地球。红日初升，其道大光。河出伏流，一泻汪洋。潜龙腾渊，鳞爪飞扬。乳虎啸谷，百兽震惶。鹰隼试翼，风尘翕张。奇花初胎，矞矞皇皇。干将发硎，有作其芒。天戴其苍，地履其黄。纵有千古，横有八荒。前途似海，来日方长。美哉我少年中国，与天不老！壮哉我中国少年，与国无疆！

（近代梁启超《少年中国说》）

悦读三

脚踏实地、仰望星空的大国工匠——王曙群

悦读提示

立足岗位三十载，练就“精、新、准、快”的绝技绝活，站上国家科技进步奖领奖台；16 年坚守缔造“太空之吻”，成为载人航天工程、探月工程总装领域的领军人物，是航天强国梦的执着追梦人。

悦读文章

2011 年，“天宫”一号和“神舟八号”在太空上演了一场完美的“太空之吻”，我国成为继俄罗斯之后第二个掌握对接机构装调技术的国家。这一对接机构是由航天科技集团上海航天技术研究院 149 厂班组长王曙群带领的团队亲手装调的。如今，从“神舟八号”到“神舟十一号”、从“天宫”到“天舟”，对接机构经历了 7 次飞行试验考核，圆满完成 13 次交会对接试验任务。王曙群已成为对接机构中国制造的“代言人”，当年的技校生现已成长为今日的大国工匠。

1989 年，技校毕业的王曙群，跟着师父每天在钳工台上学习錾削、锉削、锯切、划线、钻削等各种技能。他经常听“钻头大王”倪志福等工人楷模的故事，经常听到师父这样的鼓励：“在工人岗位上同样可以有作为，关键要做一行爱一行、要耐得住寂寞，很多工作都是从拧好一颗螺丝开始的。”

王曙群整天跟随师父潜心钻研技能，立志奉献航天制造。1996 年，他在全厂中级工比试中获得亚军。之后等来的就是厂里接到的航天器对接机构的研制重任，这是人类载人

航天活动的一项关键技术，即在太空中，将两个航天器对接起来形成一个“组合航天器”，王曙群毫不犹豫地参加到了研制任务中。

通过对标世界先进水平，研制团队决定采用“导向板内翻式的异体同构周边式构型对接机构”——对接机构所有的仪器设备都安装在周边，中间留一个直径 800 毫米的人孔通道，宇航员和货物通过通道运送。这项全新技术，激发了王曙群的钻研激情，你看他，走在路上都在琢磨着如何钻研，如何创新。很快，他在团队中脱颖而出。刚开始，他信心满满：“再难啃的硬骨头，最多一两年就能攻克。”让他万万没有想到的是，这块硬骨头，一“啃”就是 16 年。16 年，他和团队成员几乎整日整夜泡在车间里。一个个绞尽脑汁的解答、一次次失败后的归零，渐渐把王曙群从年轻气盛的青年人，磨砺成了一个坚韧不拔、沉着冷静的成熟中年人。

一分耕耘一分收获。近年来，无论是从“神舟八号”到“神舟十一号”，还是从“天宫”到“天舟”，我国航天陆续经历了 7 次太空交会对接试验考核，出色地完成 13 次交会对接试验任务。如今，王曙群带领团队的在成员又投入了月球车、卫星系统以及后续空间站众多机构的研制中。对他的团队，他也用当年恩师的育人精神，谆谆教诲年轻人；用自己的言传身教，弘扬光大航天精神。王曙群将“脚踏实地、仰望星空”写在了自己工作室里。这句话正是他作为一名航天一线工人的铮铮誓言。

知识小集市

空间交会对接技术是指两个航天器在空间轨道上会合并在结构上连成一个整体的技术，是实现航天飞机太空平台和空间运输系统的空间装配、补给、维修，航天员交换及营救等在轨道上服务的先决条件。空间交会与对接是载人航天活动的三大基本技术之一。所谓三大基本技术，就是载人航天器的成功发射和航天员安全返回技术、空间出舱活动技术和空间交会对接技术。

思想小引擎

王曙群也是一个技校生，他的技能闪光点体现在哪些地方？

文化小支架

太上有立德，其次有立功，其次有立言，虽久不废，此之谓不朽。

（《左传·襄公二十四年》）

释义：最上等的是树立德行，其次是建立功业，再其次是创立学说。即使过了很久也不会被废弃，这就叫作不朽。

悦读四

在“刀锋”上起舞，守护着岁月通明、灯火万家的大国工匠——王进

悦读提示

平步百米铁塔，横穿超、特高压。在“刀锋”上起舞，守护着岁月通明、灯火万家，他就是——国家电网山东省电力公司检修公司输电检修中心带电班副班长王进。

悦读文章

王进，1979 年出生，毕业于山东临沂电力技工学校。一开始，父母并不希望他从事高危的电力工作，但王进热衷于电力事业，就想当一名好电工。带着这样的梦想，王进终于成了电网系统特高压检修工。大家可能不知道，特高压电场是普通人闻之色变的生命禁区，然而对于王进来说却是每天进出，如家常便饭。

由于工作的特殊性，王进很少有时间陪伴家人。儿子出生，他在外地检修线路；儿子生病，他也无法回家照顾。为了不让父母担心，他从未和父母说过他干的是带电作业，一直隐瞒了 10 年。

虽然带电作业属于高危工种，但王进却是一个敢为人先、勇攀带电作业世界巅峰的人。

为了保证广大居民能够放心用电，王进需要经常在野外带电作业。夏天 40 摄氏度的高温能让线上作业的他嗓子里冒出火来。冬天零下十几摄氏度的低温又能让他的汗水在衣服里结成冰。但是每每完成作业，站在高空仰望，蓝天白云触手可及，俯瞰广阔的田野一望无际，王进总是被大自然莫名地感动。

他在“刀锋”上起舞，守护着岁月通明、灯火万家。他守护的线路是世界首条±660 千伏电压等级输电线路工程，占山东省总负荷的近十分之一，被称为“不能停电的线路”。正是这条线路，让王进走向了职业生涯的“高峰”；正是这条线路，王进和带电班的成员连续两个月吃住在训练场，白天上塔演练操作，晚上研究作业方案；正是这条线路，让王进于 2011 年 10 月 17 日上午，在 30 多家媒体的见证下，攀上了 2012 号塔，在 50 分钟内顺利完成全部作业任务，被媒体誉为±660 千伏带电作业“世界第一人”。用他自己的话说就是：“只要有梦想、有机会、有奋斗，一切美好的东西都能创造出来。”

2015 年 1 月，当他和同事们带着被授予国家科技进步二等奖、自主研发的“±660 千伏直流架空输电线路带电作业技术和工器具创新及应用”走进人民大会堂时，王进被贴上

了“学历最低”“一线工人”的标签。但他说了这样一段令人感慨万分的话：“虽然我只是一名中专生，但我始终认为，创新与学历无关，再高大上的创新，不实用也一样没有价值；再小的发明，只要能解决问题，也是有意义的。”

除此之外，王进还参与执行过输电线路防舞动治理、抗冰抢险、全运会和奥运会保电等重大任务，带电检修 300 余次，实现“零失误”，为社会节省电量 1000 万千瓦时，避免数亿的经济损失。王进，见证了电网从低压到特高压的精彩跨越；王进，见证了产业工人奋斗逐梦的精彩动人故事。因为学历不代表能力，只有拼搏奋斗，才能在自己的专业领域体现青春价值。

当一个个荣誉走近他时，他却这样说：“我认为 100 个工人里面可能才出一个劳模，1000 个工人里面才出一个大国工匠，所以无论劳模还是工匠，我们需要一线这个平台、这个基础，不是随随便便都能成功，幸福是要奋斗出来的。”

王进

知识小集市

电工属于高危工种，在我国，对电工的监管非常严格，监管部门比较多，主要表现在电工证书的区别上，一般人只知道电工凭证书上岗，却不知道电工证书由于具体工种划分的不同以及颁发部门的不同而有所区别。其中，适用范围最广的为特种作业操作证，也就是电工口中的上岗证，也称操作证，持有此证可以在各类企业从事电工作业。其次是职业资格证，也就是俗称的等级证。另有人称此为职称，实则为误解。此证为电工专业水平的证明，作为用人单位确定人员岗位的主要依据，依据相关法律，此证亦属于电工上岗必须持有的证件之一，是电工从业人员的资格凭证。

思想小引擎

“大国工匠”王进为了自己的梦想，向家人撒了谎，但这是一个不让家人担心的善意谎言，这是一个心中有他人的善意谎言，生活中你可能也撒过这样的善意谎言，请你回忆一下，并与他人交流。

文化小支架

凡百事之成也，必在敬之；其败也，必在慢之。

（《荀子·议兵》）

悦读五

从技校学生到大国工匠——张素丽

悦读提示

自己虽然只是个小钳工，但也有大梦想，那就是用双手做出更高品质的机车，为中国制造业的高质量发展贡献全部力量。她就是从技校学生成为大国工匠的张素丽——中国中车洛阳机车有限公司转向架车间钳工高级技师，中国中车首席技能专家，国务院政府特殊津贴的享有者。

悦读文章

1989 年，16 岁的张素丽走进了洛阳机车工厂技工学校，开始学习钳工专业。当时，老师让同学们练习用扁铲截钢筋。

勤奋刻苦不服输，张素丽在男生占据优势的技工学校里，仍旧成为同学中的佼佼者。实习课上，老师让同学们练习用扁铲截钢筋，10 毫米粗的钢筋必须“三铲截断”。由于女生在体力上存在劣势，一操作起来女同学们常常会感到发愁，男同学们常常在一旁看女生们的笑话。

这下激起了张素丽那股不服输的志气，她约上好朋友，要来实习厂房的钥匙，天天利用晚上的休息时间加班加点地练习。空荡荡的厂房里，只有那几个女同学一手握扁铲，一手拿锤子，重复着截钢筋的动作。过了几天，她们拿锤子的手掌磨出了水疱，握扁铲的手震裂出口子。由于这种坚持，“三铲截钢筋”的本事终于被张素丽她们练成。

于是，班里的女同学背着张素丽和男同学“约”了一场比赛，实际上是要灭灭男同学的

“威风”。男同学从未把女同学放在眼里，于是爽快地答应了她们的挑战。比赛结果出来了：男同学的最好成绩是“四下断钢筋”，而张素丽是“三下断钢筋”。男同学们面面相觑，都不敢相信这是真的。

正是凭着这股韧劲儿，张素丽成了学校的尖子生。从二年级开始，张素丽已经成为同学们的示范标兵，成了老师的得力助手，老师经常让她给同学做示范。1991 年，张素丽代表学校参加了全国厂际技校技术比赛，最终获得了第二名的好成绩。当技校毕业时，张素丽拿下了五级钳工证书。

1992 年，张素丽从技工学校毕业进入了工厂，到了 2019 年，她已工作 27 年的时间。现在张素丽已从一名不服输、敢较真的青涩工人成长为一名钻难题、带领团队搞创新的大国工匠。她可以制作精确到头发丝粗细的 1/4 的工件，她可以操作机器将重叠的两张 A4 纸只钻透上面一张，而下面一张却没有丝毫破损；她操作的机器还可以在新鲜鸡蛋上钻孔，但外壳钻透而内膜不破损。她制作的经过数千次锉削的试制转向架缺量具，精度误差不到 0.005 毫米。

过硬的技术，让工友们非常信赖张素丽，她也早已成为工友们遇到技术难题时求助的首选。无论什么时候，只要有人请教，张素丽都会亲临现场给予帮助。一次，一个进口的且刚在国内应用的制动器出现了故障需要拆解维修，如若“返厂”耗时就太长了。面对这个没图纸、没技术资料的“新玩意儿”，工友们无从下手了，于是大家想到了张素丽。张素丽二话没说，立刻开始摸索和尝试，经过整整一个下午，这个之前从未见过的“洋物件”被张素丽完整地拆开了。

全国技术能手、中华技能大奖、全国五一劳动奖章、全国劳动模范、全国三八红旗手等一系列国家级荣誉奖章、证书足以证明张素丽在行业内的超高技能水准。但在荣誉面前，她说：“荣誉是国家给的，但是功劳是所有工友的，我只是个代表。”她还说：“是国家和公司培养了我，我也没有宏大的追求，只要求从我手里出去的工件，每一个都合乎质量标准，每一次检修的火车都能安全上路，把旅客平安送往目的地。”其实，这也是张素丽对自己“心愿”的完美描述。

张素丽

知识小集市

钳工是切削加工、机械装配和修理作业中的手工作业，因常在钳工台上用虎钳夹持工件操作而得名。钳工作业是机械制造中最古老的金属加工技术。钳工作业的质量和效率在很大程度上取决于操作者的技艺和熟练程度。钳工作业主要包括錾削、锉削、锯切、划线、钻削、铰削、攻丝和套丝(见螺纹加工)、刮削、研磨、矫正、弯曲和铆接等。

思想小引擎

大国工匠张素丽凭借自己的韧劲和较真练就了过硬的本领。这种本领也成为她乐于助人的资本。如果遇到向你求解的人，那么你会怎么做？想一想，你可以给别人解决什么问题？

文化小支架

知不足者好学，耻下问者自满。

（北宋林逋《省心录》）

释义：认识到自己不足的人，会虚心学习弥补自己的不足；以向地位不如自己的人请教为耻的人，是缘于自我满足。

模块二

认识你周围的“世界技能冠军”

悦读导入

世界技能大赛，是迄今为止全球地位最高、规模最大、影响力最强的职业技能竞赛，是最高层级的世界性职业技能赛事。它由世界技能组织每两年举办一届，其竞技水平代表了当今职业技能发展的世界先进水平，被誉为“世界技能奥林匹克”。截至 2021 年，世界技能大赛已成功举办了 45 届。我国于 2011 年第一次参加世界技能大赛（第 41 届），只参加了 6 项比赛，获得 1 银 5 个优胜奖，实现了奖牌零的突破。2013 年我国再度参加世界技能大赛（第 42 届），获得 1 银 3 铜 13 个优胜奖，仍然没有获得金牌。2015 年，我国第三次参加世界技能大赛（第 43 届），获得了 5 金 6 银 4 铜 11 个优胜奖，实现了金牌零的突破。金牌数、奖牌数和团体总分均居榜首，实现了历史性重大突破。2017 年我国第四次参加世界技能大赛（第 44 届），获得了 15 金 7 银 8 铜 12 个优胜奖，金牌数、奖牌数和团体总分均位列第一，再次实现了历史性重大突破。2019 年我国第五次参加世界技能大赛（第 45 届），获得了 16 金 14 银 5 铜和 17 个优胜奖，位列金牌榜、奖牌榜、团体总分第一名，第三次实现了历史性重大突破。五星红旗一次次在颁奖现场高高飘扬，中国青年技能健儿用耀眼的金牌和优异的成绩向世界证明了“中国制造”的实力，这些成绩的背后是一个个不畏强手、奋勇拼搏，有理想、有追求、为国争光的技能青年，是他们让中国的技能闪耀了世界。

悦读一

风雨中，这点痛算什么——第 45 届世界技能大赛车身修理项目冠军徐澳门

悦读提示

2019 年 8 月，在俄罗斯举办的第 45 届世界技能大赛上，经过三天半的奋战，来自上海市杨浦区职业技术学校的徐澳门以精湛的技能及优异的职业素养一举夺得车身修理项目金牌，让鲜艳的五星红旗在俄罗斯喀山世界技能大赛的赛场上高高飘扬。

悦读文章

2019 年 8 月 27 日，在第 45 届世界技能大赛闭幕式上，一声声“China”响彻俄罗斯喀

山的比赛会场。当车身修理项目冠军选手徐澳门冲上领奖台时，一场倾盆大雨扑面而来！领奖台上，车身修理项目冠军徐澳门挥舞着五星红旗，欢呼着、怒吼着。四年多的训练，四年多的汗水，1000多个日日夜夜积攒下来的情绪，都在这一刻尽情释放了出来。

永远不能忽视扎实的基本功

走到今天，走上第45届世界技能大赛的领奖台，徐澳门并不是一帆风顺的。他刚刚加入学校集训队时，每天的训练内容只有一个，把一块上面都是褶皱的铁皮敲得非常平整。你千万不要小看这一块小小的铁皮，敲平它需要非常多的技能和技巧。若想把它敲得非常平整，一要观察出铁皮延展的位置，哪儿需要收，哪儿需要放。二要那双拿榔头的手非常有力，且非常稳，你敲击的每一下，都要非常准确。因每一次敲击后，板件都会有变化，需要你做出快速判断。这个看似简单的活儿，却需要花费很多时间去训练。解决了这个问题，敲击的基本功就会非常扎实，以后无论敲什么，都会融会贯通，手到擒来！

就像游戏里的经验，要把切割、打磨、焊接都当成一个个技能。因为没有经验，选手就无法升级；如果等级不够，选手就无法释放技能，也就无法做好一个或者几个模块。

徐澳门格外注意基本功的训练。花了一两个月的时间后，他终于把基本功训练扎实了。在后来的训练中操作会越来越顺畅，越来越得心应手！因此基本功是技师永远不能忽视的一道关卡。

始终拥有一颗严格的自律之心

“想要做得更好，走得更远，就需要放弃很多现在喜欢的东西，需要非常自律。”这是徐澳门始终坚持的，他认为自己一直是一个自律的人，能掌握人生，能活出自我。

徐澳门每天早上，都比其他同学先到训练基地，为的是做好各项准备工作。每次训练结束，他也一定会把工位打扫得干干净净。他一直认为，平时训练，专家和教练们不可能每时每刻都在身边指导，那就需要自己管住自己。老师在与不在，自己都要做好自己，无论训练的工作量、训练的质量、训练的态度都要做到和教练在的时候一样。

世界技能大赛比的不仅是职业技能，而且是职业素养。我们所说的匠人匠心，就是不停止对精益求精的追求，不断实现自我超越的过程。

徐澳门一直有一句话想送给后来者：用力只能合格，用心才能优秀，用脑必定成功！只有着眼于出精品，用最高标准努力追求卓越，勇于登高望远，突破创新，才能在实际工作中不断做出成绩，一步一个脚印地实现人生理想。

应该说，一场比赛的结果，是自身一个个的选择和坚持叠加起来的成果！没有人能够依靠天赋成功，只有自己更加勤奋、更加自律，才能够成功！

世界技能大赛采用的完全是开放式比赛，比赛全程都会向公众开放。在真正的赛场上，比赛同样有太多不确定因素：赛题、赛程和赛场环境时刻都在发生变化，比赛内容也是比赛当天才会知晓。比赛期间，不仅有各国专家、观众围观，而且有观众会照相、录像，场面十分喧闹。选手如果没有一定的心理素质和抗干扰能力，就很容易被外界干扰。在第 45 届世界技能大赛比赛期间，试题多次发生了变化，对徐澳门的比赛策略和赛场应变能力，都提出了较高的要求。

出征前，徐澳门最后做了一次整车完整流程模拟训练，教练组为他设置了各种故障，如突然停电、突然停气、设备突然出现故障、项目顺序临时被打乱，学校还安排了其他专业的同学轮流参观，周围也架起了摄像机进行移动跟踪拍摄。面对如此多的干扰，徐澳门完全按照自己的节奏，冷静操作每个环节。

用实力爱国，用技能报国

正是由于这种爱国之情、报国之志，在这次比赛中，徐澳门面对 Evo 的安装时，处变不惊。这个步骤需要选手必须完全按照指示去完成，才能得满分，徐澳门做到了。他拿了满分 1 分。21 位参赛选手，只有徐澳门一人做到了。

同样，在后面的 D 模块钢板损伤修复的比赛中，徐澳门同样做得完美，他几乎得了满分。在 21 个国家和地区的选手中，只有 7 位选手完成全部规定比赛内容。正是凭借极其精细化的操作，徐澳门最终以领先第二名 3 分的绝对优势，夺得了这块金牌！

凡是过往，皆为序章

金牌只代表过去。现在，回到学习、工作岗位后，徐澳门开启了新的人生征程。“金牌对于我来说，只是一个高的起点，在未来，我将把感恩之心化作行动，重新起步，开启新的职业生涯。”他把世界技能大赛执着追求、克难奋进、精益求精、追求完美的工匠精神，带到新的工作岗位上，踏实走好技能成才、技能报国的每一步，为中国制造献出自己的一份力量！中华民族已经踏上伟大复兴的道路，相信当今的青年技能人，一定会责无旁贷，再攀高峰！

知识小集市

车身修理项目主要考核选手对车身结构及覆盖件严重损坏的汽车进行修复的能力。选手通过测量及校正设备，检测车身损伤及变形的程度，在保证不破坏车辆整体结构、性能及外观的前提下，校正并修复受损的车身及其他相关部分，最终将汽车车身维修至可以重新喷漆的状态。

世界技能大赛车身修理项目比赛共设置汽车车身诊断与校正、结构部件更换、非结构部件更换、面板维修及车身相关件修理 5 个模块，赛程为 4 天，累计比赛时间为 22 小时(各模块的用时由选手在 22 小时内统筹调配)。

思想小引擎

徐澳门不仅具有高超的技术水平，而且具备良好的职业素养，你认为他拥有哪些良好的职业素养？你应该提升哪方面的职业素养？

文化小支架

天下有大勇者，猝然临之而不惊，无故加之而不怒。而其挟持者甚大，其志甚远也。

（选出北宋苏轼《留侯论》）

释义：天下有一种真正勇敢的人，遇到突发的情形毫不惊慌，无缘无故地对他施加侮辱也不动怒。为什么能够这样呢？因为他胸怀大志，目标高远啊。

悦读二

从中考落榜生到世界技能冠军——袁强

悦读提示

一个中考落榜的农村孩子走上了世界技能大赛最高领奖台，他就是被校内选拔赛淘汰后“加塞儿”进入集训队，最初没有训练工位自己买装修板子搭建工位的世界技能冠军，第44届世界技能大赛工业控制项目的金牌得主——袁强。

悦读文章

袁强1997年3月出生在山东省潍坊市，2015年曾因中考落榜走进了山东工业技师学院，这里虽没有成就他的大学梦，但让他成为世界技能大赛冠军。这条路虽然非常坎坷，但始终没有阻挡住那颗执拗的心。

2015年，袁强想报名参加第44届世界技能大赛山东省选拔赛，但他在一开始的校内选拔中就惨遭淘汰。按他的说法就是，当时校内选拔时，有智力与英语两门测试，而他的英语之前差到连26个字母都默写不全，选拔也就栽在英语上了，所以第一轮就直接被淘汰掉好像也很正常。

但他太想学点儿有用的东西了，所以心里总过不去那个坎儿，总拧不过那个劲儿，于是他就主动去找老师，按他的说法就是“求”老师。经过软磨硬泡后老师终于同意了，但他训练时用的材料都是别人剩下的边角料。虽然训练条件如此艰苦，但经过一个月的刻苦练习后，袁强在第二次选拔赛中竟然获得了第一名，并且从此之后一直保持第一名的好成绩。尽管中间也有一些小波折，但袁强还是为自己获得了参加第44届世界技能大赛的机会。也正是凭借这份执拗，他最终走上了展示世界最高技能水平的舞台。

但这个舞台是搭给有准备的人的。2017年10月7日，袁强正式踏上了前往阿联酋阿布扎比比赛的征程。这里的气候是炎热干燥的，这里的饮食让初来乍到的他们非常不习惯，加上主办方没有准备好赛场，所以给袁强只留有不到 8 小时的时间熟悉场地和整理耗材。中国有句话叫“台上十分钟，台下十年功”，袁强凭借平常在国内的训练功底，只用 4 小时就做好了准备，加上他有过参加瑞典欧洲技能大赛以及芬兰技能大赛的经验，对国外的比赛情况有所了解，所以这个意外也就成了一个小插曲。

但更大的插曲在后面。本届大赛工业控制项目共有 4 个模块，要分 4 天完成。袁强在第一天的比赛中因为动作比平常训练快，出了一点小失误，尺寸错了两处。第二天由于轻敌和疲惫，一根线还接错了，幸亏在后面检查时发现了纠正过来。第三天比赛更是惊心动魄，考官给袁强发错了卷子，而他自己却不知道，导致他没有试题不能正常进行比赛，白白浪费了半小时。而这半小时就相当于高考中的半小时，最后经专家组组长袁海嵘的努力争取，裁判决定为袁强补时 19 分钟。在这 19 分钟里，虽然他顶着极大的压力，但他此时变得非常冷静，仔细地将前面的缺失一点一点弥补回来。真是不负众望，袁强最终打败了强有力的各国对手，摘下了这顶桂冠。但这是一条充满了荆棘坎坷的冠军路，是袁强人生中最难忘的一条路。

比赛虽然结束了，但袁强给我们留下了一句非常精彩的话语：“技能改变命运，成就出彩人生”。他用他的成功告诉我们，三百六十行，行行出状元，只要锐意进取，心怀梦想，在职业学校学好技能，也能成为世界冠军。

2019 年，只有 22 岁的袁强，已是山东工业技师学院最年轻的副教授，同时他还是共青团十八大代表、首届山东省青年技能形象大使、山东省齐鲁首席技师、全国技术能手，2017 年被山东省人民政府记个人一等功。

其实，我们都应该像袁强那样，不仅要志存高远、脚踏实地、苦练本领，而且要干一行、爱一行、精一行，努力弘扬劳模精神和工匠精神，用精湛技艺书写精彩人生，展现新时代技术技能人才的良好风采。

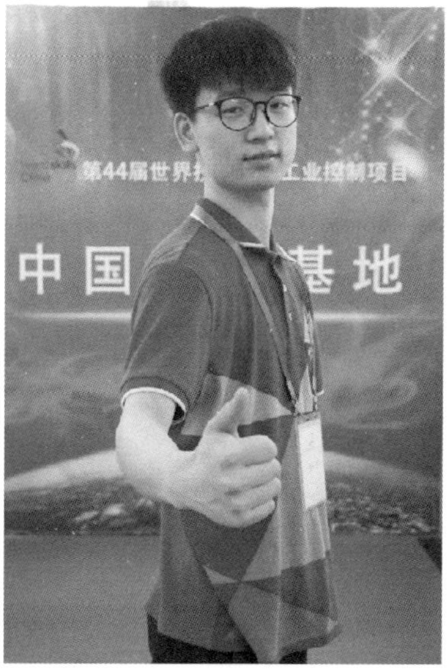

袁强

知识小集市

工业控制项目是指选手在安全操作的前提下，合理选择并使用工具对现场提供的工业自动化元器件和材料进行加工、组装，完成电气设备和工业设备的安装以及程序设计与调试的竞赛项目。选手需要完成电路设计改进、材料制备、电气配线、安全测试、故障诊断、编程调试等比赛内容。

世界技能大赛工业控制项目比赛共设置主项目操作、控制与调试、电气控制电路原理图设计或功能改进、电气装置故障检测与定位4个模块，赛程为4天，累计比赛时间为22小时。

思想小引擎

在我们成长的道路上，肯定也会经常出现一些插曲，它是否影响了你的成长？请你回顾并思考应该如何让这些插曲成为你人生中的奏鸣曲。

文化小支架

与人不求备，检身若不及。

（《尚书·伊训》）

释义：对别人不能求全责备，对自己要严格约束唯恐不够。

悦读三

成才的道路绝不仅有高考——世赛冠军李俊鸿、陈君辉

悦读提示

2018年3月，李俊鸿和队友陈君辉一起参加了第45届世界技能大赛混凝土建筑项目选拔赛。在高强度、高标准的选拔中，李俊鸿和队友一路高歌猛进，先后在广州市、广东省、国家选拔赛中脱颖而出。

2018年12月，李俊鸿和队友一起以第一名的成绩通过国家集训队5进3考核；2019年3月，在国家集训队集中阶段性考核中，他和队友沉着冷静，以第一名的优异成绩成功取得在俄罗斯喀山举行的第45届世界技能大赛混凝土建筑项目入场券，最后夺得金牌，为国争光。

悦读文章

2019年，来自广州城建技工学校2016级建筑施工专业的李俊鸿（22岁）和陈君辉（21

岁），首次参加世界技能大赛就获得了混凝土项目金牌，这份荣耀让两位来自农村的年轻人从此受到了世界瞩目。

其实，他们是高考的落榜者，但两个人没有因为高考的失败而感到失落，而是怀揣着对钻研技能的热爱和对改变命运的渴望，走进了他们一直喜爱的建筑专业。在钢筋水泥里摸爬滚打，用自己的双手建起一座高楼大厦成了他们最大的追求。

李俊鸿来自广东省化州市的一个农村家庭。2016 年，因沉迷游戏，他没能考上大学，但他不想像父亲一样出去打一天只有 200 元的零工，他想为自己的未来拼一拼，于是他选择了广州城建技工学校读建筑施工专业，准备潜心学一门技能。以前上课总迟到的李俊鸿不见了，大家见到的是每节课都坐第一排的李俊鸿，见到的是遇到问题立马向老师同学请教的李俊鸿。渐渐地，他尝到了学习专业技能的无穷乐趣，从此找回了内心的那份沉稳和坚韧，他开始向突破自我进发。

其实陈君辉是个非常聪明活泼的男孩子，只是他把心思都用在了玩上，因此成绩太差，也没考上大学。因为他的父亲常年在建筑工地上打工，所以受父亲的影响，他从小就喜欢造型各异的建筑结构。高考落榜后，他没有后悔，直接选择了广州城建技工学校的建筑施工专业，想象着有一天，一栋大楼、一座桥梁能在他的手中建设成功，屹立一方。来到学校以后，以前贪玩的陈君辉，好像完全变了一个人，从以前的不看书到现在的找书看，从以前的贪玩儿到现在周末都不想休息，从以前的无心上进到现在积极参加比赛，陈君辉成了整天不停琢磨建造原理、创新制作方法的城建“狂魔”，并荣获了很多令人羡慕的奖项。

当得知可以报名参加世界技能大赛，二人欣喜若狂，深藏在内心的巨大潜力迸发出来，班级、校级层层选拔，让这两个技能疯狂的小伙子脱颖而出，踏上了省赛、国赛的新征程。

“这两人简直就是黄金搭档，”他们的教练和老师们这样评价他们，“陈君辉反应快、创新思维能力强，李俊鸿坚韧、执行力强，一动一静。”这样的互补优势，在赛场上将会发挥得淋漓尽致。你看，每当一拿到题目，陈君辉脑海中立刻就会有好几种解决方案，李俊鸿就会认真地推演验证、查漏补缺，这两人配合默契，接连战胜过个人实力远胜于他们的选手。

混凝土项目是世界技能大赛第二次正式组赛项目，也是我国首次参加的项目，无论是参赛选手还是教练，对于比赛的流程、技术文件和技能特点的规则都没有经验。“能否成功?”这样巨大的比赛压力会让李俊鸿、陈君辉二人每天都游走在放弃的边缘，会让二人对自我产生怀疑，对创新充满焦虑。幸运的是每每遇到技术难题，专家、教练都会一齐上阵，帮助他们解答技术疑问、寻找技术资料、攻克技术难关。于是二人会重鼓勇气，为自己加油。

他们互相支撑、互相鼓励着，始终在疲惫与汗水中练习扎实的基本功，在怀疑与挣扎中坚定信念。五六米长的木料，让一个人手动操作切割机，路径还要保持直线是十分困难的，李俊鸿和陈君辉二人就利用边角余料，尝试改进操作方法，总结操作技巧，在网上查阅、借鉴国内外的先进技术，自制辅助切割工具。

混凝土项目体量大，近 9 吨的原材料每次搬运、加工，工序都非常复杂，读图、放线、切割等 7 个模块需要 150 多种工具和配件；精度要求极高，5 立方米混凝土浇筑入模型，成型后墙面的密实度、平整度等有着严苛的感官要求，尺寸、水平、垂直度误差不得超过 1 毫米，这些要在 4 天 22 小时内完成。广州 38 摄氏度炎热的夏天，闷热的工棚，在磕磕碰碰中难免受伤，浓厚的粉尘使他们不得不戴着口罩作业。他们在精疲力竭中打磨精度，提升速度，改进工艺，不断增强配合默契度。他们接连在广东省选拔赛、国家选拔赛中勇夺第一。

这种魔鬼般的循环训练从未停止。就在距离世界技能大赛开赛仅剩 21 天时，世界技能大赛组委会公布了全新的材料。从工厂定制的各种模板，要求拼装尺寸和混凝土成型尺寸的误差不能超过 1 毫米，且这种材料，需要手动加工制作的部分越来越多，而手工制作带来误差是必然的。21 天，他们要完全熟悉、掌握模板的所有操作、安装方法，要严格把控每个质量控制的关键点。

李俊鸿、陈君辉翻遍了各种专业书籍，尝试了各种各样的方法，然而误差始终在 2～3 毫米。“误差既然无可避免，那能不能合理利用呢?”两人经过激烈的头脑风暴，同时想到了我国传统建筑工艺中的榫卯结构，于是他们按照新方向，一点一点摸索，最后终于成功了！两位年轻人心中充满了对古代工匠的极大钦佩，坚定了征战世界技能大赛的巨大信心。

但真正的比赛是在精疲力竭中淬炼、涅槃的。2019 年 8 月 23 日，第 45 届世界技能大赛混凝土项目开赛。但不幸的是，比赛不到一小时，陈君辉用手工折叠锯锯木材时手指不慎被划破，而且伤口很深，这对于手工精度要求极高的比赛而言，无疑是一个灾难。

但陈君辉心里只有一个念头：“不能影响比赛!”他坚持要求医生只进行简单包扎，但这种沟通、僵持就已经接近 40 分钟，而队友受伤让李俊鸿更加警惕，他更加专注地提升速度，留心打磨经手的每处细节。

千锤百炼，淬砺成军，金牌的荣耀终归属于奋力拼搏的李俊鸿和陈君辉。李俊鸿、陈君辉在与奥地利、德国、俄罗斯、法国等世界强队的角逐中厚积薄发，技压群雄，一举夺魁，这也正是他们向中华人民共和国成立 70 周年献上的最好礼物。

成才的道路从来不只一条，只要你努力奋斗，只要你勇于逐梦，技能学子的人生就一样可以大放异彩!

李俊鸿 陈君辉

知识小集市

混凝土建筑项目

混凝土建筑项目是第43届世界技能大赛增加的演示项目。这个项目(职业)的技术人员主要进行商业和住宅建设，可在室内外进行工作。

比赛对选手的技能要求主要包括：

①准备简单的现场测量图及相关原材料，并考虑因抗压、浪费、破坏等造成的需求增加，计算模板表面和原材料需求等。

②解读、分析与领会施工方案(包括设计方案、模板方案、钢筋方案和图纸详情等)、材料和零件清单等。

③完成技术说明中有关放样测量、模板和钢筋建造、去除模板和再加工等方面的相关工作任务。

思想小引擎

兴趣是学习最好的老师。李俊鸿、陈君辉正是凭借兴趣学了自己喜欢的专业，正是有了兴趣才为专业付出了很多，正是因为有兴趣才获得这难得的世界冠军。请你想一想：你有什么兴趣能让你实现自身的价值?

文化小支架

子曰：知之者不如好之者，好之者不如乐之者。

(《论语·雍也》)

释义：孔子说：“懂得它的人，不如爱好它的人；爱好它的人，又不如以它为乐的人。”

悦读四

台下谦虚谨慎 台上“目中无人”——第 45 届世界技能大赛美发项目冠军石丹

悦读提示

2019 年 8 月 28 日，在俄罗斯的喀山，我国选手石丹，在第 45 届世界技能大赛美发项目比赛中，经过与 30 多个国家和地区选手的激烈比拼，最终获得大赛美发项目金牌。

悦读文章

2013 年，16 岁的石丹随父母从江西老家来到杭州求学，因其父母常年在外打工，深知技能的重要，所以非常希望自己的女儿能够学有一技之长，以此立世谋生。选择什么专业适合呢？据石丹说，她在初中时，没事就喜欢拿起剪刀帮有需要的同学剪头帘，表现出较强的动手能力，爱好加天赋，让她选择了美发与形象设计专业。按她自己的说法，“就想靠自己的双手创造出更多的美”。石丹慢慢懂事了，也为自己树立了目标。

开始的时候，要练基本功——修剪，石丹一站就是一天，手都练抽筋了。她回忆说：“有时候为了不破坏外线，又要去发量，剪刀拿歪了，角度不对，进刀的深度不对，力度不对等，经常会剪到自己的手，一刀、两刀，左手到处都是血口子。”因为太辛苦，所以很多同学都在想方设法偷懒，而石丹不这样，只要她一有空，就会掏出旧剪刀来练手。渐渐地，勤奋的她很快让专业老师刮目相看了。命运的转机，就在此刻出现了。

2014 年，学校组织第 45 届世界技能大赛冲刺选拔赛，石丹报名参加了，她凭着优秀的成绩被老师选中，进入了校训队。这个心怀梦想的姑娘，开始憧憬有一天能站在世界级的赛场上，代表中国参加大赛。誓师大会之后，石丹毫不犹豫地剪去了自己心爱的长发，她说：“剪短发，是为了不分散自己的注意力。头发剪了可以再长，但机会只有一次！”

进校训队后，石丹每天都是 7 点起床，面对眼前无数的头模和染发膏不断地练习，常常练到凌晨。也正是凭借这种超强的自律精神，从 2014 年开始，在所有的市、省、国家选拔赛和各类国际邀请赛、挑战赛中，石丹囊括了全部第一，成了中国赛区美发项目拿“第一”最多的人。随之在 2015 年第 39 届亚洲化妆发型大赛上，她又一举夺得男士潮流修剪项目的亚军。她说，这是她职业生涯的第一个奖杯，对她来说意义非凡。

这些赞誉来得那么多，来得又那么快，使得这个不到 20 岁的姑娘有些猝不及防，她还没有做好准备，便被拥到了聚光灯下。按理说，凭借这些荣誉，石丹走进世界技能大赛肯定没问题，但那些“你要代表学校，你要代表杭州”“你要代表浙江，到你要代表国家，一点也不能失误”的话，让她差一点与世赛冠军失之交臂。

因国家只能选拔出一人参加世界技能大赛，石丹在“10进5”选拔阶段，还处在第一。但在接下来“5进2”的比赛中，她发挥失常了，一位技术指导专家发现，石丹在比赛时，非常紧张，动作非常僵硬。发挥失常之后，她跑到恩师的办公室放声大哭，整整一个上午，她涕泗交零，双眼红肿，她第一次把自己心中的压力倾诉了出来。她太想保这个第一了。恩师嘱咐她的话让她走出了阴霾：“你应该换种角度，抱着学习的心态去看待比赛，要在这个过程中发现更好的自己，而不是为了比赛而比赛。因为抛开比赛，这一身技能是别人抢不走的。你要有自信，要为自己感到骄傲。”恩师的一席话使她豁然开朗。“你只要明白，自己是来干什么的，然后去做好这件事，就行了。”石丹就此重拾信心，高昂地投入更加艰苦的训练中去了。

石丹是个非常有毅力的女孩，她迫使自己成长，让内心更加强大。为了克服上一届中国选手因体力不支发挥欠佳的问题，石丹增加了每天6点晨跑5000米的体能训练，结束后再去吃早饭，再赶到训练基地，一直训练到晚上10点以后。如若遇到偏难发型，可能会持续到凌晨1点，甚至有时候会到凌晨4点。石丹说：“没日没夜地练，就是为了那么一点小满足、小成就感。”

2018年9月，石丹参加第45届世界技能大赛美发项目全国选拔赛，以第一名的成绩，再次入选国家队。这里是全年无休，每天16小时的高强度训练。石丹常常靠着一份超辣的冒菜夜宵以及到夜晚的运河边吹吹风、散散步放松自己。在赴俄罗斯备战决赛期间，她常常站到腿抽筋，总拿剪刀的手腕患上了腱鞘炎。按照医生的嘱咐只能“养”，但由于不可能休息，石丹的手在比赛当天都是肿的。但她从未退缩：“我有目标，我想靠自己的努力做出一番成绩。”

石丹承认自己想取得好成绩，但她也明白，成绩需要实力去拼搏。2019年8月22日晚，开幕式结束后，石丹回到酒店，像平时训练一样，将所有竞技模块练习了一遍，然后，回自己房间整理参赛用品，便早早上床睡觉了，恩师常说的那句“台下谦虚谨慎，台上目中无人”伴随着她进入了梦乡。毫不意外，睡梦中又出现了比赛的场景。

比赛终于拉开了序幕。在第一场模块比赛过程中，可能因为男士时尚发型是石丹比较擅长的模块，所以石丹胸有成竹。但石丹也告诫自己，绝不能松懈。刹那间，石丹甚至感觉回到了训练室。第二场比赛又开始了，主办方在赛前15分钟发放赛题，石丹拿到赛题后，感觉赛题有点眼熟，仔细想想才发现，这是很早以前练习过的一款发型，不禁内心有点小庆幸。

这场比赛发挥平稳。

世界技能大赛比赛第二天，要比两款真人发型模块。赛前模特抽签，在喊到12号时，石丹走上前与模特打了声招呼，介绍自己时才发现，自己的模特正是在俄罗斯交流赛时抽到的那个模特，石丹感受到幸运女神眷顾了她，比赛中双方配合非常默契。

因为是真人模块，所以评分会加入走秀环节。在走秀前，她感觉模特有些紧张，石丹递过去信任的眼神，模特微笑着点了点头。评分结束，石丹感动不已，对模特的表现感激不已。

到了最后一场比赛，也是一个真人男士发型修剪模块，当石丹走上前时，发现她抽中了全场唯一一位长发小哥哥。她真是觉得很幸运。但是，若让头发很长的模特头发被修剪到造型所需的长度，恐怕人家一时无法接受，没想到石丹与他交流得很愉快。在石丹修剪胡须时，模特很是配合。这让石丹也加快了整个节奏。随着时间的流逝，转眼到了倒计时，场上所有人都沸腾了！石丹这时才发现自己的工位外围站满了人，她抑制住自己内心的激动，让模特放轻松些，等候裁判过来评分。

收拾好自己的工具，石丹离开赛场。她还想参加比赛，心想："怎么就比完了呢，我还想再来一场。"

是的，石丹此时的情绪非常平静，以前的紧张已经转化为自信，转化为沉稳，转化为梦寐以求、为国争光的一枚金牌。这枚金牌展示的不仅是剪发、烫发、染发、接发、造型以及男士胡须设计处理和养护等模块的技术水平，而且展示的是她随机应变的能力，展示的是一个指令发出要马上准确地完成技术的动作。石丹这次登上喀山的舞台，虽然比赛时长累计超过 20 小时，但她始终保持着稳定的发挥，最终凭借一双巧手征服了大赛的评委。

知识小集市

美发项目是指运用洗、护、吹、剪、烫、染技能以及毛发、头皮生理等方面的专业知识，为人们提供广泛的服务，包括剪发、染色、造型、化学定型、化学改善和特殊的头发处理及护理等的竞赛项目。

世界技能大赛美发项目比赛要求选手依据比赛现场提供的设备、材料及比赛要求完成女士商业剪发、染色及吹干，女士时尚时装表演发型设计、使用假发束，男士电烫发及胡须，女士时尚长发向下造型，女士新娘长发向上造型，女士时尚剪发与染色，男士古典(0°起发角)吹干，男士时尚剪发、染色，男士化学拉直和修剪(包括胡须)9 个模块的比赛内容，赛程为 4 天，累计比赛时间为 20 小时。

思想小引擎

为了专业学习，石丹克服了懒惰，无论是为了自己的小目标还是大目标，她都肯付出，最终实现了自己的美好愿望。你的小目标和大目标是什么？请你想一想。

文化小支架

古人学问无遗力，少壮工夫老始成。纸上得来终觉浅，绝知此事要躬行。

（南宋陆游《冬夜读书示子聿》）

悦读五

心中有梦想 脚下有力量——第 45 届世界技能大赛数控铣项目冠军田镇基

悦读提示

2018 年年底，在广东基地 5 进 2 淘汰赛，他一举夺得第一名；在 2019 年 4 月，经过六轮的北上异地考核后，他在北京最后一场 2 进 1 淘汰赛中获得第一名，成为代表我国参加世界技能大赛数控铣项目的选手，他就是第 45 届世界技能大赛数控铣项目冠军——田镇基。

悦读文章

田镇基，1997 年出生于广东普宁。少年时无心向学的田镇基偶然发现“原来不上大学也可以成才！”这个从小喜欢科幻电影的男孩于是对学习技能有了最初的梦想。2013 年，田镇基考入了广东省机械技师学院，从此踏上了技能逐梦之路。

2015 年，为了备战第 45 届世界技能大赛，广东省机械技师学院开始在全校选拔种子选手进入学校集训队，田镇基二话没说就报了名。经学院选拔，田镇基和另外两名同学被确认去参加数控铣项目广东省选拔赛，最终他以总分排名第二的成绩，进入了全国选拔赛。

面对全国选拔赛，田镇基还是有些紧张，所以在第一个模块比赛后，成绩就排在了后面。但他没有放弃，迅速调整好状态。经过后面两个模块的追赶，他最后以总分排名第四的成绩，踏进国家集训队的大门。好像这一切对我们来说没有更多的波澜，但我们看到数控铣项目的技术要求时，却感到大吃一惊。因为这个项目，真正考验选手的是材料的加工生产环节。据田镇基透露：“一根头发丝的直径为 0.02 毫米至 0.08 毫米，而我们的操作误差需控制在 0.02 毫米以内，比头发丝还细。”“就好像厨师选刀来切菜，数控铣床光是刀具就有上百种。”这就要求参赛选手对每种刀具的特点、作用要了如指掌。

来到国家队训练后，田镇基在技术上堪称完美，但他却曾因专注力不足在比赛中吃了大亏，于是迎接他的是教练特意为他量身定制的“魔鬼专注力训练方案”。这主要体现在两方面，一方面是“出其不意的切歌台”，即当你仔细训练时，教练竟然拿出音箱，放起了摇滚、嘻哈、抒情、古风等各种类型的音乐。另一方面是“失踪的工具”，即在你的工具箱里明明有 300 个刀头，教练会趁你不注意，把其中的工具偷偷收起来，看你如何应对。

但田镇基总是相信：一分耕耘一分收获，只要不断努力克服困难，就一定能超越自己，一定能变成更好的自己。有了这样的心理准备，田镇基在参加正式比赛时就成功经受住了各种考验。

第一个考验就是比赛前两天的事。他负责的工具箱因运输过程中的颠簸，里面的工具都乱了，且主工具箱的一个轮子也断了，移动很困难。正当田镇基一筹莫展时，见多识广的专家提出："买一块带轮子的板子做支撑，可以解决临时移动的问题。"于是，大赛后勤保障团队大晚上跑遍喀山附近大小超市，终于买来了一块带轮子的滑板。这一举动深深感动了田镇基，他一下子意识到，自己不是一个人在战斗。

第二个考验是模块三的比赛。在加工模块三的时候，刀具突然断了。面对突如其来的变故，田镇基一下子紧张起来。这种紧张是无法用言语来形容的。遇到这种情况，一般都会对选手对零件尺寸的把握造成极大的影响。而这种情况曾在他的魔鬼训练方案中遇到过，他马上调整思路，立即停机，检查断刀原因。原来，零件反面在粗加工时，粗切一个凸台，零件被拉动了，直接断了刀具，更加幸运的是，断刀没有影响到过多的尺寸，没有影响到总体成绩，这才让田镇基松了一口气。但事后田镇基还是心有余悸。

第三个考验是比赛的第三天，田镇基几乎是一天都没有事可做，只能等待。其实等待的时间是最煎熬的。特别是听到 B 组的选手全部都完成了，还提前了不少时间完成，这对他的心理产生了极大的震撼，心好像都提到了嗓子眼儿。

第四个考验是第四天的比赛。可能是因为心理压力过大，在最不应该出现错误的一个零件上，测量计算时出现了错误：导致一个镗孔孔径搞错了。当时，田镇基的心里别提多难受了。幸亏在接下来的比赛中，田镇基发挥正常，而且还提前 45 分钟把最后的零件做完了，"虽然有点儿不完美，但起码安全地做完了"。

第五个考验是前两届中国选手在此项目上"双连冠"给他带来的巨大压力。在第 43 届和第 44 届世界技能大赛中，我国广东选手已代表中国包揽了数控铣项目的 2 块金牌，因此他这次出征，肩负着卫冕"三连冠"的重任，最后他终于不负众望，完成了数控铣项目的"三连冠"。

可以说，是技能大赛让田镇基学会了快速学习、快速思考，通过一次次的考验，田镇基知道了比赛的真正要义。现在的他在面对挫折时不再会因为害怕而退缩，也不再会因暂时的困难而去逃避。按田镇基的说法，是大赛历练了他。

青年人是国家的希望，是国家技能人才队伍的生力军和后备军，肩负着技能强国的重要历史使命，广大青年也应该像田镇基那样，坚信劳动光荣、技能宝贵、创造伟大的梦想，为自己走出一条技能成才的成功之路。

知识小集市

数控铣削加工是指利用数控铣床以去除材料的方式来制造零件的过程。世界技能大赛数控铣项目比赛对选手的要求主要包括：了解工程图纸和规范，掌握 ISO 图文标识；掌握表面粗糙度、形位公差的 ISO 标准等；识别不同的加工工艺、功能参数，定义和调整切削参数等；进行工艺规划，利用 CAD/CAM 系统生成程序和 G 代码，完成刀具安装及刀具参数设置、工件安装及工件坐标原点设置等；执行加工程序，完成工件测量与加工。

思想小引擎

任何人做事都不会一帆风顺，田镇基在参加大赛的过程中经受了各种考验，最后他成功了。你肯定也遇到过各种挫折，请你回忆一下自己经历过的挫折。

文化小支架

自古奇人伟士，不屈折于忧患，则不足以成其学。

（明代方孝孺《答许廷慎书》）

释义：自古以来那些卓越伟大的人物，不经过忧患挫折，就不能成就他们的才学。

模块三

欣赏你周围的职业风采

悦读导入

人们常说，职业无贵贱，行行出状元。遍观周围的每个行业，我们都能发现一批批把工作做到极致的劳动者：普普通通的社区民警能说多国语言，把社区工作开展得井井有条，赢得了辖区居民的赞叹；勇敢无畏的消防员多次参加各类救援活动，凭借钢铁般的意志和高超的专业技能，以血肉之躯挽救人民生命财产于水火之中；平凡的快递员配送总里程达 32 万余千米，投递近 22 万个包裹，却能做到零误差、零差评；北京西站的“036”候车室值班员每日步行达 10 多千米，为不计其数的旅客解决各种问题，把温暖和善意传递给需要帮助的人；小小的颐和园讲解员有着大梦想，成长为双语金牌讲解员，向每一位来园的游客讲述中国故事，传承中华文化。没有人能够随随便便成功，在这些卓越成绩的背后，有高远目标的引领，有无私无畏的付出，有勤奋刻苦的努力，更有始终如一的坚持，你是其中哪一个呢？

悦读一

最美警察闫昕卓

悦读提示

你可曾想过，如果没有警察，这个世界将会是什么样？一位优秀的人民警察身上应该具有哪些品质？是坚毅果敢，是认真负责，是勤奋上进，还是一专多能？对此，“北京榜样·最美警察”闫昕卓给出了完美的诠释。

悦读文章

“这是一位一专多能的优秀社区民警，他的所作所为已经超出社区民警的范畴，可以说，他是首都这个国际化大都市的形象代言人……”这是央视评论员对一位社区民警的盛赞。这位社区民警是谁？他为什么能够得到如此之高的赞誉？下面让我们走近海淀分局中关村派出所社区民警闫昕卓。

闫昕卓是北京市公安局海淀分局中关村派出所华清嘉园社区民警，2017 年 5 月任华清园社区党委副书记。他管辖的华清嘉园社区毗邻清华大学、北京大学、中国林业大学、北京语言大学等10多所知名高校，东临五道口地铁站，西接清华科技园写字楼群。社区东侧路是中外学生齐聚的五道口“酒吧一条街”，涉外出租房屋占半数以上，社区高峰时居住的境外人员达800余人，涉及43个国家，被大家形象地称为“宇宙中心”。

为了更好地服务外国朋友，他学习了英、日、韩等多国语言，成了名副其实的“社区外交官”；为了突破涉外管理难点，他采取了户户走访和互联网＋的新老办法结合的管理模式；他发动辖区商户组成“秩序维护联防队”，维护当地秩序；他组织不同国籍的租户组建了“国际联盟”，化解矛盾纠纷；他以小微信撬动大警务，建立警务团队微信群18个，实现了“全网互通”。他更是依托群治和现代警务打造了安全长城。2013年以来，社区实现了连续四年发案数量大幅下降，其中老百姓最为关注的侵财类案件，2016年、2017年同比下降85%和63%，2018年社区入室盗窃实现“零”发案，群众安全感和满意度显著上升。

华清嘉园社区东侧的“酒吧一条街”入夜后人流较大，是各类案件以及秩序、卫生、扰民等问题较为集中的重点区域。闫昕卓通过社区党委，协调相关企业，成立了“秩序维护联防队”，使之自觉维护店内以及街面秩序。经过长期不懈的努力，酒吧等餐饮门店人员进出有序，噪声扰民、酒后滋事等问题显著减少，困扰酒吧街多年的“脏乱差”问题一举得到了解决，受到群众交口称赞。

华清嘉园旁边有个老旧小区东升园，设施落后，一些租住于此的北欧、非洲、韩国人夜里不习惯锁门，于是这里成了入室盗窃案件的重灾区。2013年，闫昕卓协调街道组建了一支楼宇巡逻队，每天夜里，他都亲自带队巡逻，使小区居民体验到了前所未有的安全感。

2013年，韩国务工人员崔某因突遇变故濒临破产，请求房东和中介缓收房租被拒绝，酗酒后情绪失控。闫昕卓花了7小时的时间劝说崔某平静下来，随后又促使双方达成了协议。深夜，闫昕卓又驾车送崔某到朋友处借住。崔某回国后，给闫昕卓发来短信表示感谢：“您让我知道北京是一个不仅安全而且温暖的城市，希望我还能再来这里。”

一位年逾古稀的黑龙江老汉，因为收养流浪猫狗和喝酒与儿女闹意见，离家出走，流落到了酒吧街，而且时常在寒冷的夜晚带着两条狗睡在酒吧街的一辆板车上。闫昕卓了解情况后，多方奔走，联系老人的儿女，帮助他们把老人接回家，又在社区给老人的狗找到了新家，并把狗的新家拍了照片寄给老人。他告诉老人：“您放心跟闺女回家吧，我肯定让狗过得幸福、过得舒坦。”临回家乡上车的一刻，老人抱住闫昕卓久久不放，哽咽着说：“我放心，放心啊！”

在闫昕卓的心里，群众的事都是大事。他说：“社区工作就是风声雨声群众声，声声入耳；急事难事闲碎事，事事关心。你帮助群众解决了一件不起眼的小事，大家会说派出所、警察都是好样的。因为你穿着这身制服不代表自己，代表的是人民警察的形象。”

他不仅是这样说的，而且是这样做的。下社区工作时，他会自动摆齐横七竖八的自行车；安防改造时，他会悄悄为孤寡老人垫付分摊费用；他的水壶里总是灌满水，从不喝商家一口饮料……他像一团熊熊燃烧的火焰，用自己最大的能量和热情，照亮了辖区，温暖了百姓的心，为“人民公安为人民”做出了最生动的诠释。2017 年，闫昕卓当选“中关村温度”年度人物；2018 年，获得“第五届首都公安杰出青年卫士”“北京榜样·最美警察”荣誉称号。

知识小集市

人民警察包括公安机关、国家安全机关、监狱、劳动教养管理机关的人民警察和人民法院、人民检察院的司法警察。

公安机关的警察包括户籍警察、治安警察、刑事犯罪侦查警察、交通警察、经济犯罪侦查警察、外事警察、公共信息网络安全监察专业警察、警务督察、缉毒警察、科技警察、监所警察、公安法医等。

思想小引擎

闫昕卓是一位普通的社区民警，为什么央视评论员把他称为“首都这个国际化大都市的形象代言人”？从闫昕卓的身上，你学到了什么？想一想：你能为周围的人做什么？

文化小支架

安得万里裘，盖裹周四垠。稳暖皆如我，天下无寒人。

（唐代白居易《新制布裘》）

释义：哪里能得到万里长的皮衣，把天下四方都盖起来，使人们都能和我一样温暖，天下就没有受寒冷的人了。

悦读二

消防金盾马小卫

悦读提示

今天的我们之所以能够享受平安幸福的生活环境，是因为有无数的勇士倾情奉献，为我们保驾护航。通过下面的阅读，你将了解一位经历过九死一生的消防员的英雄事迹，他虽然年纪不大，但却曾经挽救过不计其数的生命和财产，他用自己的无畏行动，谱写了一曲曲感人肺腑的奉献之歌。

阅读文章

16年，能让一棵小树苗长成参天大树，也能将一个小男孩历练为顶天立地的英雄。北京市消防总队方庄中队指导员马小卫献身消防事业16年，在无数次出生入死的战斗中不断成长，如今的他依然奋战在消防第一线。

2003年，18岁的马小卫怀揣儿时的梦想，满怀报效祖国的雄心壮志参军入伍，成为一名光荣的消防战士。从踏入警营的那一天起，他就立下志向：当兵，就要当个好兵！为此，他事事干在先，时时冲在前，无论条件多么艰苦，任务多么艰巨，他都临危不惧，敢打敢拼。

2004年4月，北京市怀柔区一家冶炼厂发生氰化氢毒气泄漏事故，造成严重后果。当人们纷纷离开现场躲避死神的时候，马小卫却和他的战友们勇敢逆行，向灾难的核心处靠近。当他们到达现场时，距离现场还有几千米就已经开始戒严，事故造成30多吨毒液泄漏，毒气浓度达到致死量的上百倍，3人当场死亡，10人被送往医院抢救。年仅19岁的马小卫凭借过人的胆识和扎实的业务水平，24小时内先后18次进入重度污染区寻找泄漏点、通风降毒、关闭阀门、筑堤围堰、中和洗消，圆满完成了上级领导交代的工作任务。

2008年5月12日，汶川发生震惊中外的8.0级地震，无数同胞陷于危难，时任方庄中队救援班班长的马小卫和战友们纷纷请战。5月13日，一纸军令状，马小卫和战友们立即启程，进川救援。

青川是抗震救援官兵的第一站。震后的青川地区山路崎岖，多处出现滑坡和塌方，路面被地下水冲毁，上游形成几处堰塞湖，随时都有决堤的危险。眼前的景象，让马小卫心生恐惧，但很快，救人的念头就冲散了恐惧。他和战友们来不及休息，凌晨4点多出发，徒步穿行50千米的山路，寻找被困者。他们用随身携带的止血带、纱布给伤者包扎；用竹子做成简易担架，轮换着把伤者往山外抬；怕担架脱手，给伤者造成二次伤害，他们用行军带、布条，把手和担架绑到一起，把自己的双手勒得黑紫。

天气恶劣、山路难行、余震不断，虽然消防战士们接受过高强度的体能训练，但还是累得筋疲力尽、饥饿难耐。乡政府送来了几碗热汤面让马小卫和战友们吃，战士们刚要接，却听说这是群众用仅剩的一点粮食做的，战士们眼圈红了，手都缩了回来，面条全部留给了受灾居民，他们默默地抬起救出的伤员向分队指挥部前进。

在缺水断粮的情况下，马小卫和战友们一起日夜奋战，在废墟之中搜救埋压群众，翻山越岭运送重伤人员，完成救援任务，共计疏散群众236名，救出重伤员7名。

2014年的一个周末，马小卫外出归队的路上看到一个小区的20多层塔楼着火，立刻停下脚步了解情况，当得知有人被困，马小卫二话不说，赤手空拳地跑进了火场，顺着孩子的哭声救出了一对母子。母子得救，围观群众一阵欢呼。当得知马小卫是消防员时，大家都说："真是神兵天降啊！"熏得满脸黑的马小卫却嘿嘿一笑："我穿着战斗服是消防兵，不穿也是消防兵，救人是我的责任。"

2015年1月，北京百荣世贸商城发生重大火灾事故，高烧不退的马小卫穿着已经完全湿透并且结冰的战斗服，在毒烟蒸汽弥漫、头盔面罩都能烤化的火场中奋战70小时。

2018年中非合作论坛北京峰会举行期间，马小卫顶着高温酷暑，带领执勤车组调研重点单位72家，拉动微型消防站101次，修订预案方案15次，以最高标准完成了中非合作论坛北京峰会消防安保任务。

十几年间，马小卫荣立个人二等功两次，个人三等功两次，获先进个人一次，获第四届首都公安"杰出青年卫士"称号。有记者曾经在采访时问他："作为消防员，驱使你一次次冲向火场的动力是什么？"马小卫说："群众的安危就是我的动力，劫后余生的一笑让我觉得付出再多都值得。"

这就是消防金盾马小卫，一位忠于党、忠于祖国、忠于人民的痴情消防员！

知识小集市

消防员可细分为消防官兵、建(构)筑物消防员、灭火员、灭火救援员、防火员、火灾瞭望观察员等。

消防员职责主要包括消灭火灾、抢救灾害、消防安全设施稽查与消防安全知识宣传等，同时也参与救护工作(如道路救援、救护车救援)、为民服务(如消除安全隐患、清除野生动物)、自来水公司安全水源查察、内部勤务(接线、文书)等。

消防员不仅要有强健的身体，适应各种复杂、多变和危险的环境，而且要精通消防业务理论和灭火技术、战术，具备良好的心理素质，面临危险时情绪稳定，不慌、不惧，保持良好的观察、记忆、判断和思维能力。

思想小引擎

在文中，你读到了马小卫的哪些英雄事迹？你认为是什么力量支撑着马小卫在面对危难的时候奋不顾身？读了这篇文章，你有什么感想？

文化小安架

千锤万凿出深山，烈火焚烧若等闲。粉骨碎身浑不怕，要留清白在人间。

(明代于谦《石灰吟》)

悦读三

零误差快递员

悦读提示

投递将近 22 万件包裹却能做到零误差、零差评，配送总里程达 32 万余千米，可以绕地球 8 圈之多，摸索总结递送经验，不辞辛苦提供个性化服务，急客户之所急，想客户之所想，将快递工作做到极致。一位普通的京东快递员，在平凡的岗位上取得了不平凡的成绩，用他的努力和担当，诠释着快递员的工匠精神。

悦读文章

从 2011 年入职至今，他送出近 22 万件包裹，始终保持着零误差、零差评的好成绩；配送总里程达 30 余万千米，可以绕地球 8 圈之多；总能耐心解决问题、想客户之所想，每年都会收到大量的感谢信和锦旗。他，就是京东快递员——宋学文。

2011 年 11 月，一个偶然的机会，使宋学文成了京东一名普通的快递员。在大部分人眼中，快递员工作入职门槛低，主要任务就是收货和送货，没有太多技术含量，也做不出什么卓越成绩。但宋学文不这样认为。他勤奋努力，认真细致，善于思考，仅用 5 年的时间，就成长为公司优质服务的典范。成绩的背后，是宋学文对这份平凡工作辛勤的付出和极致的担当。

宋学文家住房山，工作地点在海淀华杰大厦 C 座底层的配送站。为了保证不迟到，他每天凌晨 5 点准时起床，骑电动车一个多小时到达配送站，开始一天的工作。

他首先检查送货三轮车的车况和收发货物所用的各种准备工具；7 点，从全部货品中将配送范围内的货物挑出；8 点前，将自己负责的货品用一体机扫描到名下，然后，他开始给货品装车准备配送。

宋学文装车时特别注重细节。他认真观察、深入思考，积累经验，总结出了高效的装车方法。他上午装车时按照货品大小排列，小件在上，大件在下，紧急的货品放在明显位置，便于取送。而下午，他则按照收货公司、收货人的下班时间，把下班较早的收件人货物放在上面，先行配送，以免耽误送货，然后再把下班较晚的收件人货物放在下面，保证当天按时送达。

当配送完一天所有货物再回到站点时，往往已经到了晚上 7 点。完成相应的售后工作、交接完货款后，他才会踏上回家的路。

宋学文所在的京东站点，虽然配送范围不大，但配送量惊人，因为区域内的企业客户较多，大批量订单也多，到大促的时候更是如此。为了提高效率，宋学文对配送区域内各个大厦里公司的变动情况都了如指掌，如哪家公司搬走了，又新来了哪家公司等。

宋学文在工作中总是竭尽所能地满足客户个性化的需求。

有一次，天下着大雨，送货的车辆没能按时到达站点，刚卸完货，宋学文就接到了一个客户的电话，说因为着急开会，半小时内就需要拿到货，问能不能先给他送。恰好当天有促销，来货接近 2000 个包裹，堆满了站点，快递员们都觉得没法满足客户的要求。宋学文却不辞辛苦，根据产品包装大小、地点、收件人姓名等信息，从 2000 多个包裹中找到了客户的包裹，并立即冒着大雨送了过去，回来时已全身湿透。事后客户非常感动，当天晚上就送来锦旗表示感谢，称赞京东配送不辱使命。

有些公司需要配送大量的复印纸，宋学文送货时就直接把成箱的复印纸送进库房，再从里面取出几摞放到外面的复印机旁，方便公司员工取用。他说："我多一把手，人家可以腾出更多的时间去忙自己的工作。"

有家公司是某企业的语音客服中心，员工上班戴耳麦，不能带手机，无法接打电话或回复信息。每次他进去送货，都努力记住工位上的名字，下次送货时直接把货物拿到收货人面前，签收后，宋学文会轻手轻脚地退出来，尽量不打扰他们工作。久而久之，该公司的员工们都喜欢上了这个细心周到的快递员。

在日常的配送中，由于大批量订单较多，难免会出现个别包裹破损、头尾不齐等问题，但他总能耐心细致地检查包裹，出现破损重新包装，想办法解决各种难题，避免各类纠纷，通过行动获得了所在片区客户的高度信赖，多次蝉联公司季度五星级配送员。

2017 年，宋学文获得全国五一劳动奖章，2018 年荣获第三届"最美快递员"荣誉称号，2019 年 10 月 1 日和其他近千名同伴一起，加入了国庆阅兵第 29"美好生活"游行方阵，自信地走过长安街、走过天安门。

当时，宋学文脸上挂着温暖的笑容，腰板挺得直直的，感到无比的自豪和骄傲。在未来追梦的道路上，他将一如既往，用奋斗继续递送幸福。

知识小集市

全国五一劳动奖章是由全国总工会颁发，奖励那些在社会主义各项建设事业中做出突出贡献的职工。颁发范围包括基本建设、工业交通、农林水利、财贸金融、文化、教育、新闻、出版、科研、政法、体育、卫生、机关团体等各行各业的职工。全国五一劳动奖章由省、自治区、直辖市总工会以及全国产业工会申报，经全国总工会审定批准，主要集中在"五一"劳动节期间颁发，平时也有少量颁发。

思想小引擎

在你的思想中，快递员的职业形象是什么样的？宋学文为什么能够成为快递行业的优质服务典范？他的事迹给了你哪些启示？在现在的学习生活和未来的工作中，你将怎样做？

文化小支架

不论平地与山尖，无限风光尽被占。采得百花成蜜后，为谁辛苦为谁甜。

（唐代罗隐《蜂》）

悦读四

暖心“036”候车室值班员

悦读提示

一位普通的候车室值班员，在工作中十几年如一日，兢兢业业，不怕苦、不怕累，穿梭于北京西站的人流中，送行动不便的老人上车，为刚做完手术的孩子买礼物，帮丧失生活信心的大妈重燃希望……她全心全意为旅客服务，用最美的笑容，温暖着他人的心。

悦读文章

在北京西客站的各个候车室里，旅客们经常能看到许多工作人员匆匆忙忙的身影，这其中，“036”候车室值班员王琳娜的身影格外引人注目。虽然王琳娜的身高只有1.6米，但常年的接送工作使她走起路来宛如带风一般，身高1.8米的小伙子都很难跟上她的脚步。无论工作多么辛苦繁忙，她都会把亲切的笑容绽放在脸上，在大家眼中，她就像一抹冬日的暖阳，柔和地照进人的心田，因此，她被广大旅客亲切地称为“候车室里最美的笑容”。

王琳娜工作的“036”候车室，是北京西站服务老幼病残孕等重点旅客的专用候车室，工作要求高、任务重、责任大，在兢兢业业工作的14年中，她凭借满腔热忱和无私奉献，发扬“诚心待客、热心服务、真心助人、实心爱岗”的四心精神，为每名旅客送去温暖和关怀，赢得了数不清的赞誉和荣誉。她被评为全国劳动模范，获得了首都劳动奖章、北京市三八红旗奖章，2019 年还被评为“北京市学雷锋标兵”。

在王琳娜身上，发生过数不清的暖心故事。

有一次，一位坐轮椅的老大爷要乘坐 K89 次列车回呼和浩特，在列车发车前一个半小时左右就来到服务台，要求工作人员给他检票上车。工作人员向他解释，列车此时还没有到站，是不能上车的。老大爷不理解，误以为别人都检票了，唯独不送他上车，情绪变得非常激动，言语上也很冲动，场面一时紧张起来。面对这种情况，王琳娜没有急躁，她一边耐心解释，一边沟通安抚老大爷的情绪。仔细了解情况后王琳娜发现，老大爷之所以着急，是因为买的是上铺车票，自己坐轮椅很不方便，所以想早点上车找人换位置。了解到这个情况后，王琳娜当即跟老大爷承诺：“您别着急，车一到，我亲自送您下去，联系列车长给您换铺位。”车停靠站台后，王琳娜亲自推轮椅将老大爷送到车厢门口，此时列车车门还没有打开，她就用电台联系到列车长，列车长积极配合，将列车员轮休的铺位腾出一个位置安排给了老大爷。老大爷不断地表示感谢，说：“小王啊，刚才是我太着急了，实在是对不住，谢谢你帮我解决了实际困难！”

一位家境贫寒的父亲带着刚刚做完手术、腿上还绑着石膏的孩子来乘车，王琳娜小心翼翼地把孩子抱到轮椅上，一直推送到车厢里，并反复嘱咐列车乘务员路上对孩子多加照顾。临走时，她又塞给孩子一大包自己抽空买来的零食，叮嘱孩子好好养病。看到这一切，孩子父亲眼眶湿润了，他在后来的感谢信中写道：“带孩子来北京看病这么长时间，从来没有人对我们这么好，西站的这位工作人员，实在太让我感动了。”

在王琳娜曾经帮助过的人中，还有这样一位从北京回青岛的大妈。王琳娜在同她交谈的过程中感觉大妈精神有些萎靡，通过仔细了解得知，一场交通事故造成了大妈的残疾，她对生活失去了希望。王琳娜耐心地开导老人，帮她重拾生活的信心。大妈回到青岛后仍和她通过电话保持联系，还经常来往于青岛和北京之间，不再像从前那样悲伤失望，精神状态大为改观。和大妈一样，很多接受过王琳娜服务的旅客都成了她的朋友，时常发短信、打电话互相问候。

王琳娜曾经帮助过的人不计其数，“036”候车室有一本重点旅客服务册，上面详细记载着每位旅客的姓名、车次、病情等信息，王琳娜曾经服务过的旅客名字更是密密麻麻，多如繁星。“每册上可以登记上百名需要服务的旅客，她几乎每 3 个班就会用完一本，而且这只是部分旅客名单，很多人在接受服务时根本来不及填写。”王琳娜的师父、全国劳动模范王凤莲这样说。

有人估算过，“036”候车室的客运员平均每个班要步行 10 千米，作为值班员的王琳娜走的路只会比这个距离更长，但她从没有喊过苦和累。在同事和旅客的眼中，她的态度总是温和可亲，她的动作永远轻柔舒缓，她的笑容总是爽朗明媚，透着对自己岗位由衷的热爱与骄傲。

知识小集市

“036”最早起源于北京北站。20 世纪 70 年代起，北京北站胸牌号是“036”的客运服务员李淑珍总是热情地帮助南来北往的旅客，大家不知道她的名字，却记住了“036”这个号码。李淑珍退休后，“036”延续发展，从个人到小集体，再到大群体。1999 年北京西站“036”候车室由此命名、应运而生，主要服务老、幼、病、残、孕等重点旅客。

思想小引擎

你在生活中曾经亲身经历过或看到过哪些温暖的瞬间？当时你是怎么想的？现在你又有何想法？你在王琳娜的身上学到了什么？结合上面文章，谈谈你在生活和工作中的体会。

文化小支架

浩荡离愁白日斜，吟鞭东指即天涯。落红不是无情物，化作春泥更护花。

（清代龚自珍《己亥杂诗·其五》）

悦读五

金牌双语讲解员

悦读提示

一位英语专业的高才生，出人意料地做起了颐和园的讲解员。面对自己的选择，她任劳任怨，努力奋进，精益求精，短时间内成长为优秀的中英双语讲解员，在颐和园举办的多项重大活动中被委以重任并圆满完成任务。透过韩笑的奋斗故事，你将体会到拼搏和追求卓越的意义。

悦读文章

她是首都公园行业一名普通的“80 后”讲解员，然而，在平凡的岗位上，她却取得了骄人的成绩。入职 9 年来，她圆满完成外事任务 720 余次，接待四海宾客 8000 余人。她用自己的实际行动，传播着中华园林优秀历史文化，被喻为“金牌讲解员”“最美园林人”，2015 年被授予“全国劳动模范”荣誉称号。她就是第 22 届“中国青年五四奖章”获得者，北京市颐和园导游服务中心副主任、中英双语讲解员韩笑。

时间回溯到 2008 年 6 月。大学英语专业毕业的韩笑没有选择到外企做白领，而是追寻着自己的梦想，满怀着对未来的憧憬，来到颐和园管理中心报到。从入职的那天起，她就全身心地投入工作中，寻找一切机会汲取知识和养分。几周培训结束后，老师就让她承担园内一场小型“奥林匹克收藏展”的讲解。她一周时间就背下了全部解说词，顺利通过了上岗考核，创造了讲解团队上岗培训时间最短的纪录。

在这之后，韩笑凭借着一股肯钻研、能吃苦、不服输的韧劲，广泛涉猎有关颐和园及中国园林历史文化、园林建筑等方面的知识，充实讲解内容，虚心向前辈讲解员请教，用心钻研讲解和接待服务技巧。她还发挥英语特长，利用业余时间进行中英文讲解词互译，刻苦练习，很快就成长为一名优秀的中英双语讲解员。

然而，表面光鲜亮丽的讲解工作，背后却饱含着艰辛。为了讲好中华文化，她翻看古籍、查阅资料，上下班在公交地铁上的时间都用来记忆讲解词；不论是寒冬腊月，还是炎炎夏日，每天都要在园区来回穿梭，几小时站下来，腰、肩、颈疼痛难忍；为了展示中国形象、首都形象，每次讲解接待时她都要穿着套装和高跟鞋，脚被磨破早已成为家常便饭；为了给中外游客带来最好的游览体验，她三伏天安排游客站在树荫下，自己迎着直射的阳光，三九天引领游客站在背风口，自己面向刺骨的寒风。这一切的一切，在她看来都是值得的。她虽然只是个小小的讲解员，但她有大梦想——那就是在颐和园的讲解员岗位上，为每一位来园的游客讲好中国故事，让中华文化能够代代相传。

由于业务娴熟、表现突出，脱颖而出的韩笑经常在北京市和颐和园举办的重大活动中被委以重任。她先后参与祖国 60 周年庆祝游园、北京市庆祝中国共产党成立 90 周年“一切为了人民”展览、中国园林博物馆讲解、APEC 会议领导人配偶游园等重大活动的讲解工作，接待观众更是不计其数，有普通游客，有专家学者，还有国家政要。

2014 年 APEC 会议期间，国家主席习近平夫人彭丽媛邀请多个国家的第一夫人游览颐和园，当时为她们讲解的工作人员正是韩笑，这是颐和园历史上规格最高的一次国事接待任务。面对来自多国的第一夫人，韩笑既要保证讲解清晰明了，又要顾及宾客的语言背景、文化背景、礼仪差别及宗教禁忌等方方面面。韩笑认真准备，反复地在陆地和游船上实地演练，在一次又一次的讲解中发现自己的问题，持续改进、提高，精益求精，最终圆满完成了任务。

2017 年 5 月，韩笑又出色地完成匈牙利总理和夫人来颐和园参观的讲解接待任务。当天正值西方的母亲节，韩笑巧妙地将西方文化与中国传统文化结合起来，着重介绍了中国古代帝王推崇的“以孝治天下”，匈牙利总理听后感触颇深，感叹道：“中国传统文化博大精深，自古帝王推崇孝道，如此情谊令人动容。”韩笑出色的接待服务得到了来宾和领导的高度称赞。

从参加工作开始，韩笑始终默默地奉献在一线服务岗位，不怕苦，不怕累，对自己高标准，严要求。在她眼里，付出后收获的成长与赞扬、进步与快乐最为珍贵，游客的满意、同事的成长使她备感幸福。

罗曼·罗兰说："幸福是一种灵魂的香味。"幸福更多地取决于精神上的愉悦和满足，这种感觉是很独特的，像韩笑这样努力奋斗的人必能体会其中的意义。

知识小集市

APEC(Asia-Pacific Economic Cooperation)，即亚洲太平洋经济合作组织，简称亚太经合组织，是亚太地区重要的经济合作论坛，也是亚太地区最高级别的政府间经济合作机制。

APEC 成立于 1989 年，1993 年 6 月改名为亚太经济合作组织。2001 年 10 月，APEC 会议在中国上海举办。2014 年，APEC 会议时隔 13 年再次由中国举办。

思想小引擎

韩笑平时的工作是什么样的？她的哪些事迹给你留下了深刻的印象？她为什么能够成为一名"金牌讲解员"？你通过阅读本文得到了哪些启示？

文化小支架

有志者事竟成，破釜沉舟，百二秦关终属楚；苦心人天不负，卧薪尝胆，三千越甲可吞吴。

（清代著名文学家、《聊斋志异》作者蒲松龄）

释义：有志向的人，做事都会成功，就像项羽破釜沉舟，最终使百二秦关归楚所有；苦励心志的人，上天不会辜负他，就像勾践卧薪尝胆，仅用三千兵马，就灭亡了吴国。

专题二

同学，注意你的职业习惯

日常生活中，习惯真是无处不在，每个人都会展现出各种不同的习惯。在这些习惯中，有好习惯，有坏习惯。因此，好习惯要保留，坏习惯要摒弃。

法国伟大的军事家、政治家，法兰西第一帝国的缔造者拿破仑曾经说过，成功和失败，都源于你养成的习惯。有的人做每件事都会选定目标，全力以赴；有的人却习惯于随波逐流。可见，无论你是哪种人，一旦习惯养成都很难改变。你看，习惯是思维的定势，它时刻左右着你按照它的模式去运行。

模块四

请培养这些好习惯

悦读导入

一位哲人曾说："播种行为，可以收获习惯；播种习惯，可以收获性格；播种性格，可以收获命运。"养成好习惯，才能使人在生活、学习和职业发展的道路上披荆斩棘，收获成功。人们总要和不同的人打交道，暴躁强制的人遭人厌弃，温暖宽容、友善待人是与人相处时最重要的准则；每个人都拥有时间，然而每个人的时间都是有限的，养成珍惜时间、遵守时间的习惯，勤奋努力，定能积少成多，有所成就，得到别人的认同和尊重；学习是一种需要终生坚持的习惯，那些不断学习、坚持学习的人，才会不断进步，最终实现自己的理想；在学习和工作中没有最好，只有更好，养成追求卓越的习惯，才能到达他人无法企及的高度；员工为企业工作，企业为员工提供发展的平台，忠于企业的员工更容易得到重用，获得发展。好习惯成就成功的人生。

悦读一

温暖宽容 友善待人

悦读提示

温暖友善比强硬愤怒的力量更大，友善是世界上最强大的力量。友善的太阳可以轻而易举地使行人脱下行装，而刚猛凛冽的北风只会使行人将衣服越裹越紧。友善可以使机械师在事故发生后长期忠诚地为飞行员胡佛保驾护航。朗读下面的短文，体会友善的力量。

悦读文章

世界上最强大的力量是什么？不是坚船利炮，不是高端武器，而是一颗温暖友善的心。武力固然可以使人表面上屈服，但永远无法震撼人的内心。友善则不同，温暖的话语、友好的微笑、真诚的拥抱、无微不至的关心、慷慨无私的帮助，这一切的善意都会直抵人的内心深处，照亮阴冷黑暗的角落，抚慰孤寂受伤的心灵。

美国第 28 任总统威尔逊曾说："如果你握紧了两个拳头来找我，我敢保证我的拳头会

握得更紧。”人生中很多事情都是这样，如果你用强硬的手段对待别人，你所得到，很可能是对方同样强硬的反抗，因为力的作用是相互的。但是相反的，如果你对他人充满善意，对方也往往会以善意的态度和行为来回报你。如果你对别人说：“我们坐下来好好商量……”你就会发觉，你和对方之间的距离并不大，相异的观点也不多，只要彼此有沟通的耐心、诚意和愿望，你们就能很好地沟通并最终达成一致。

北风与太阳为谁的力量更强大而争论不休。北风觉得自己的力量是最强大的，因为它能轻易地把人吹得瑟瑟发抖，把一棵棵大树连根拔起，它认为没有谁能抵御它的力量。太阳对此很不屑，觉得寒冷的力量不算什么，温暖的力量才是最强大的。争吵没有结果，于是北风和太阳决定比试一下：谁能使山路上的行人脱下外衣，谁就胜利。

北风一上来便开足马力，呼啸着扑向了行人，行人感到非常寒冷，紧紧地裹住了自己的外衣。北风不甘心，刮得更猛烈了，行人为了抵御寒冷，便添加更多的衣服，并且把衣服裹得更紧。任凭北风使出浑身解数，行人都不肯脱掉外衣。北风技穷，只好让位给太阳。太阳轻轻一照，把温暖的阳光轻柔地洒到行人身上，行人感到有些热，解开了衣服。太阳继续照耀行人，行人走着走着，感觉更热了，脱掉了刚才添加的衣服，拿在手里。太阳接着把强烈的阳光照向大地，行人汗流浃背，一件一件地脱掉身上的衣服，最后跳到河里洗澡去了。太阳赢了，对北风说：“温暖和友善比愤怒和暴力更强大。”

北风猛烈强悍，只能使行人把衣服越裹越紧；太阳轻柔温暖，却能让行人脱下衣服。温暖、友善的方式与暴力、强制的手段比较起来，更能让人认同和接受。因此，最好本着与人为善的态度与人相处，养成友善待人的好习惯。

美国人鲍勃·胡佛是著名的试飞员，曾进行过无数次精彩的飞行表演。有一次，他在圣地亚哥经历了一次非常惊险的演出，他的飞机在距地面 90 多米的高度时，引擎突然熄火！好在胡佛驾驶技术高超，反应灵敏，操作得当，最终平安降落，没有造成人员伤亡。但飞机严重损毁，造成了很大的经济损失。

飞机降落之后，经验丰富的胡佛立刻意识到问题可能出在燃料上，于是他检查了飞机的燃料。果然，这架以汽油为燃料的螺旋桨飞机的油箱中，装的竟然是喷气机燃油！

回到机场后，胡佛要求见负责保养他飞机的机械师。当他走向机械师时，机械师显然已经知道了自己的错误，惶恐万分，泪流满面。因为他的失误造成了无法弥补的损失，如果不是胡佛技术过硬，那么后果不堪设想，机械师做好了接受严厉指责的准备。出乎机械师的意料，胡佛没有责骂他，甚至连一句批评的话都没说，而是搂住了这个险些害死自己的机械师的肩膀，说：“为了表明你不会再犯错，我要你明天再给我的飞机做保养。”

或许很多人都难以相信胡佛的这个决定，毕竟这个机械师差点要了他的命！但事实是，在这件事情发生后，这位机械师再也没有出过任何错误，始终一丝不苟地为胡佛服务着。

胡佛没有追究机械师的责任或解雇他，而是以极其宽容的态度原谅了机械师，并且给予了他友善的鼓励。胡佛的善意使得机械师深刻反省了自己的错误，彻底改过，一心一意为胡佛服务，最终成了他最信赖的人。这，就是宽容和友善的力量。

善待他人就是善待自己，无论面对任何人、任何事，宽容和友善往往都能够发挥超乎想象的作用。宽容和友善是一盏明灯，照亮人们前行的脚步，让生命充满诗意，让人生充满光辉。

知识小集市

航空燃料是随着飞机的诞生而出现的。根据航空器动力的不同，航空燃料可分为两大类。一类是针对活塞式发动机的燃料，主要是汽油。另一类是针对喷气式（涡喷、涡扇、涡桨等燃气轮机）航空发动机，学名为喷气燃料，一般通称航空煤油，属石油产品。

思想小引擎

能举一些你对他人宽容友善的例子吗？北风和太阳的故事给了你哪些启示？你从胡佛的身上学到了什么？

文化小支架

谁道群生性命微？一般骨肉一般皮。劝君莫打枝头鸟，子在巢中望母归。

（唐代白居易《鸟》）

悦读二

珍惜时间 遵守时间

悦读提示

时间是每个人都拥有的宝贵财富，然而人们对待时间的态度迥然不同。有的人惜时如金，有的人浪费时间，有的人守时守约，有的人随意迟到早退。人们究竟该如何对待时间呢？

悦读文章

嘀嗒，嘀嗒，当你独自一人在万籁俱寂的夜里，倾听钟摆冷漠无情、单调一律的重复，冷冷地、大声地向人们宣告时间倏然而逝的时候，你可曾想过，时间是什么？时间从哪里来，又将向何处去？在过去的时日里，你是否好好利用了时间，做了你认为既值得做、又有意义的事？在未来的日子里，你的时间又将如何度过？

时间是最普通的，每个人都能够拥有它；时间是最公平的，所有人的分秒都等长；时间也是最珍贵的，金钱买不到它，地位留不住它，忏悔唤不回它。每个人存在于世上的时间都是有限的，然而，人们可以选择在有限的生命里如何利用它。

有的人在肆无忌惮地挥霍时间，有的人在争分夺秒地抢时间：课堂上，有的学生在呼呼大睡、摆弄手机，有的学生在认真听讲、热烈讨论；工厂里，有的工人在打瞌睡、无聊闲逛，有的工人在钻研技术、改革创新；办公室里，有的职员尸位素餐、上网聊天，有的职员勤奋工作、追求卓越；业余时间里，有的人彻底放松、随心所欲，有的人灯下苦读、不断进步。一天 24 小时结束后，时间给勤劳的人带来智慧和力量，给懒散的人留下无知与悔恨。待到白发苍苍时，有多少人会发出这样的慨叹：“少壮不努力，老大徒伤悲啊！”

花谢了，有再开的时候；树枯了，有再青的机会；时间一旦流逝了，就再也回不来了。与其将来后悔曾经蹉跎了岁月，不如现在就好好珍惜生命中的分分秒秒。如何做到珍惜时间？让我们看看前人是怎样做的。

伟大的思想家、文学家、革命家鲁迅非常珍惜时间。他虽然一生多病，但他每天都要工作到深夜，实在困了，就和衣躺到床上，打个盹儿，睡醒后泡一壶浓茶，抽一支烟，继续写作。第二天起床后，有时连饭也顾不上吃就又开始工作了。只要有一点时间，他就会充分利用。他曾说过，时间就像海绵里的水，只要你挤，总是有的。

发明家爱迪生最怕浪费时间，他总是强调要用最少的时间做最多的事情。一天，爱迪生在实验室里工作，让助手帮他测一个没上灯口的空玻璃灯泡的容量。过了好半天，助手还是没有计算出结果。爱迪生说：“时间，时间，怎么费那么多的时间呢？”他拿起那个空灯泡，向里面倒满了水，交给助手，说：“把水倒在量杯里，马上告诉我它的容量。”助手立刻读出了数字。爱迪生说：“有这么简单的方法不用，还去计算，岂不是白白地浪费时间吗？人生太短暂了，要节省时间，多做事情啊！”

历史上很多伟人之所以能够取得卓越的成就，其中一个重要的原因就是他们能够珍惜时间、充分利用点滴时间做大量的事情。今天的我们，走在前人铺就的道路上，难道不应该向前人学习惜时如金吗？并且，我们不仅要珍惜自己的时间，而且要珍惜他人的时间，严格要求自己，做一个遵守时间的人。时间就是金钱，时间就是生命，浪费别人的时间，就等于“谋财害命”。

在我们的生活中，时常会有这样场景：有的学生从来不把上课铃声放在眼里，铃响之后仍然慢吞吞、散步一样走进教室，打扰了老师和同学上课；有的公司员工无视公司纪律要求，把迟到、早退当成家常便饭，影响了公司正常办公；有的人无论大会小会、学习培训总要迟到，最后一个走进会场，分散了所有人的注意力；有的人明明和别人约好了时间，但总要晚一段时间到达指定地点，浪费了别人时间还面无愧色。这样的人，没有时间观念，没有“守时”概念，走到哪里会受人欢迎？

守时是做人的基本素质，是尊重他人的重要表现，也是职业道德的基本要求。在现代快节奏的生活中，只有人人遵守时间，工作才能更顺畅、更有效，社会才能更和谐、更美好。

好花不常开，好景不常在，人无再少年。请珍惜自己生命中的每分每秒，不要让自己在未来的日子里因浪费时间、一无所成而悲叹；请珍惜他人生命中的每分每秒，不要让自己因为不遵守时间、“谋财害命”而被他人厌弃。

知识小集市

托马斯·阿尔瓦·爱迪生(Thomas Alva Edison，1847—1931)，出生在美国俄亥俄州米兰镇，逝世于美国新泽西州西奥兰治，是世界著名的发明家、企业家。爱迪生是人类历史上第一个利用大量生产原则和电气工程研究的实验室来进行发明活动而对世界产生深远影响的人。他发明的留声机、电影摄影机和改进的电灯对世界有极大影响。他一生的发明有2000多项，拥有专利1000多项。1931年10月18日凌晨3点24分，爱迪生在美国新泽西州西奥兰治的家中逝世，享年84岁。爱迪生被美国《大西洋月刊》(美国的权威期刊)评为影响美国的100位人物第9名。

思想小引擎

你认为时间花在什么样的事情上是最值得的？你想对那些不守时的人说些什么？

文化小支架

人生无根蒂，飘如陌上尘。分散逐风转，此已非常身。落地为兄弟，何必骨肉亲！得欢当作乐，斗酒聚比邻。盛年不重来，一日难再晨。及时当勉励，岁月不待人。

(晋代陶渊明《杂诗》)

悦读三

坚持学习

悦读提示

学习是人一生中不可间断的行为，如大海中的灯塔，帮人指明前行的方向。囊萤映雪的故事流传千古，为后人树立了刻苦学习终获成功的榜样。齐瓦勃的故事则告诉人们，平凡的人通过不懈的努力和学习，一样可以实现自己的梦想。学习是需要，更是责任，不可停歇。

悦读文章

知识、学问和技能从何而来？答案是：学习，刻苦而持久地学习。

学习的概念有狭义和广义之分。狭义的学习是指通过阅读、听讲、思考、实践等途径获得知识或技能的过程，例如，通过学校教育获得知识的过程。而广义的学习是指人在生活过程中，通过获得经验产生行为或行为潜能的相对持久的行为方式。优秀者和平庸者最大的区别是优秀者对知识技能的学习永不满足，有条件会努力学习，没有条件，也要创造条件努力学习。

晋代时，车胤从小好学不倦，但因家中贫穷，仅有的钱只够维持温饱，没有多余的钱买灯油供他晚上读书。因此，他只能利用白天的时间背诵诗文。

夏天的一个晚上，他正在院子里背文章，忽然看见许多萤火虫在低空中飞舞。虽然只有一闪一闪的光点，但在黑暗中显得十分耀眼。他想，如果把许多萤火虫集中在一起，不就成为一盏灯了吗？于是，他找来一只白绢口袋，抓了几十只萤火虫放在里面，把它吊起来。虽然不太亮，但勉强可以用来看书了。此后，只要有萤火虫，他就抓一把来当作灯，在“萤火虫灯”下苦读。车胤勤学苦读，终于成了一个很有学问的人。

同朝代的孙康情况也是如此。由于家贫买不起灯油，他晚上不能读书，只能早早睡觉。他觉得时间这样白白浪费掉，非常可惜。

一天半夜，他在睡梦中醒来，发现从窗缝中透进一丝光亮，原来是外面的大雪映出来的。他立刻想到，可以利用它来读书。于是他倦意顿失，立即穿好衣服，拿出书籍，来到屋外。有了雪光的照映，外面比屋里亮多了。孙康不顾寒冷，立即看起书来。手脚冻僵了，就搓一搓，起身跑一跑，让自己暖和起来。此后，每逢有雪的晚上，他就借着雪光孜孜不倦地读书。这种苦学的精神，促使他的学识突飞猛进，成为饱学之士。

以上便是著名的囊萤映雪的故事。纵观古今，许多成绩卓著的人之所以能够有所建树，重要原因之一便是孜孜不倦地刻苦学习。春秋时期著名乐师师旷曾劝晋平公："少而好学，如日出之阳；壮而好学，如日中之光；老而好学，如炳烛之明。炳烛之明，孰与昧行乎？"意思是说，学习就像太阳、烛火和大海中的灯塔，让我们在黑暗中看清方向、找到道路。因此，无论在人生的任何阶段，人都不能停下学习的脚步，在学生时代如此，在工作中更是如此。

美国伯利恒钢铁公司的创始人齐瓦勃出生在美国乡村，家中一贫如洗，因此他只上过几天学。15 岁那年，为了谋生，他到一个山村做了马夫。虽然家里很贫穷，工作卑微，但他有着远大的目标，并时刻寻找着发展的机会。18 岁那年，他成了钢铁大王卡耐基的一个建筑公司的工人。从踏进公司的第一天起，齐瓦勃就下定决心，要做一名优秀的员工。虽然周围很多人不停地抱怨工作辛苦、薪水低，浑浑噩噩度日，齐瓦勃却勤奋地工作，积累经验，并抽出一切时间自学建筑学知识。

每天晚上，同事们热热闹闹地玩牌，齐瓦勃却在灯下认真看书，并不时记着笔记。一天晚上，齐瓦勃正在读书，公司经理到工地视察，正巧看到了他，经理看了看齐瓦勃手中的书，又翻了翻他的笔记本，一句话也没说就走了。第二天，经理把齐瓦勃叫到办公室，问道："你学那些东西有什么用？"齐瓦勃说："我想公司并不缺少打工者，但缺少有知识的优秀员工或管理者。不学习工作知识就是轻视自己的工作，对吗？"经理点头赞许。不久，齐瓦勃被晋升为技师。有的人讽刺、挖苦齐瓦勃，他却说："我是在为自己的远大理想而学习和工作！"很快，齐瓦勃又升任总工程师。25 岁那年，他做了这家建筑公司的总经理。又过了几年，齐瓦勃创建了属于自己的大型伯利恒钢铁公司。

齐瓦勃的成功经验证明，人在任何时候，只有不断学习、坚持学习，才有可能实现自己的理想。朱熹曾说过："无一事而不学，无一时而不学，无一处而不学，成功之路也。"学习的机会出现在我们身边的每个时刻、每个角落。只有用心观察，用心领悟，我们才能在每时每刻都有所提高。学习不仅是一种需要，而且是一种责任，学习永远不可以停歇。

知识小集市

朱熹(1130—1200)，字元晦，号晦庵，晚称晦翁，谥文，世称朱文公，宋朝著名的理学家、思想家、哲学家、教育家、诗人，儒学集大成者，世尊称为朱子。朱熹是程颢、程颐的三传弟子李侗的学生，与二程合称"程朱学派"。

朱熹著述甚多，有《四书章句集注》等，后人辑有《朱子大全》《朱子集语象》等。《四书章句集注》成为元、明、清三代钦定的教科书和科举考试的标准。

思想小引擎

囊萤映雪的故事给了你哪些启示？你从齐瓦勃身上学到了什么？你怎么理解“学习不仅是一种需要，而且是一种责任，学习永远不可以停歇”？

文化小支架

学向勤中得，萤窗万卷书。三冬今足用，谁笑腹空虚。

（宋代汪洙《勤学》）

悦读四

精益求精 追求卓越

悦读提示

追求卓越是一种工作态度。张林因为追求卓越，练就了一双“神奇的耳朵”，能通过机床异响判断故障类型；宁允展因为追求卓越，可以在细如发丝的空间中施展自己的研磨绝技，无人可以替代。在他们举世无双的技艺背后，是日复一日的学习、苦练与辛勤的付出。朗读课文，注意体会他们精益求精的工匠精神。

悦读文章

芸芸众生，可称为精英者少之又少。我们中的大部分人都是平凡的人，但平凡并不意味着平庸，平凡不阻碍我们变得优秀。只要我们充满激情、全力以赴，始终保持向上的姿态，我们就一定能够不断进步、有所作为，在平凡的岗位上取得优异的成绩。

如何才能做到不平庸，如何才能取得优异的成绩？这是一个值得深思的问题。人们常说“态度决定高度”，那些对自己没有要求或要求很低，在做事时抱着凑合完成任务的心态，漫不经心、懒散地应付工作，大错小错不断，没有过硬技能的人，注定平庸；而那些目标明确、严格要求自己、精益求精、追求卓越的人，即使在最平凡的岗位上，也能取得令人惊叹的成绩。

张林是一家钢球厂的车间组长，他的工作任务是和工友们一起负责大型钢球的冲压程序，使大型钢球的冲压达到规定的工艺标准。这是一份普通得近乎枯燥的工作，每天充斥在耳中的是连续不断的机床声。这机床声在大部分人耳中是噪声，但在张林耳中却是故障警报铃。他在设备出现问题时不用打开设备，仅凭声音就能判断出故障在哪里。这简直是一双神奇的耳朵！人们问他这样的耳朵是怎样练出来的，他说："我做事喜欢严格要求自己，不喜欢应付。刚开始我也听不出机器的故障，但总在机器旁工作，我总是一边操作一边认真听声音，听到了异响便找设备的故障并记录下来，日复一日，就总结出了关于故障异响的经验。比如，凡是听到'吱吱吱'的声音，十有八九是球口与板口不顺造成的；听到'咯噔、咯噔'的声音，很可能是刀架后退，收球不好，产品啃伤……"

因为耳朵灵，他最多能同时开 12 台机器，而别人开五六台机器就已经很忙了。有一次他听到附近一台机床运行时发出"咯噔、咯噔"的声响，便立刻找负责人来修理，但负责人认为没有问题，坚决不肯修理。张林急了，自己关停机器、打开检查，结果正如他的判断：刀架后退，收球不好，产品啃伤。负责人非常尴尬，只好立刻开始修理。

张林的"独门绝技"使他很快晋升为高级技师，而很多和他同小组的成员，多年来不断重复着"机器出故障，直接找修理工来修理"的固定程序，依旧原地踏步。张林不满足于完成工作这样一个最基本的目标，要求自己做到最好，终于使自己到达了别人无法企及的高度。

张林有一双神奇的耳朵，而宁允展有一双魔术师般的手。

宁允展是中车青岛四方机车车辆股份有限公司高级技师，从事车辆钳工工作，负责研磨 380A 型列车转向架定位臂。如果把高铁列车比喻成长跑运动员，车轮是脚，转向架是腿，那么，宁允展研磨的定位臂就是脚踝。

每片转向架的重量高达 1.1 吨，定位臂落在四个车轮的节点上，接触面不足 10 平方厘米。当列车处于高速运行状态时，接触面承受的冲击力有二三十吨。缝隙大了，车轮有脱落的危险；完全焊死，转向架无法再次打开，影响列车检修。

按照国际标准，宁允展负责的研磨工作可以操作的空间只有 0.05 毫米左右。一根头发丝的粗细在 0.02 毫米至 0.08 毫米，这个精度要求可能比头发丝还要细。宁允展在这细如发丝的空间里研磨，压力和操作难度可想而知。磨小了，转向架无法落下去；磨大了，价值十几万元的主板就报废了。宁允展的绝技就在这里，他能像绣花一样，把切口表面这些隐约的竖线织成一张纹路细密的网。他的同事曾说："0.1 毫米的时候，国内大概有十几个人能干。到了 0.05 毫米，别人都干不了，目前就只有他能干。"

宁允展这双魔术师般的手，是他凭借精益求精、追求极致的态度，用数不尽的辛勤汗水换来的：为了练技术，他在家里搭了一个"小车间"，里面放满了小机床、电焊机、打磨机等工具，一有空就练习；在这个"小车间"里，他自学了焊工、电工、电脑制图等多种技能。他说，只有多掌握技能，才能融会贯通，想出更多解决难题的好办法。目前，他设计制造的各种装置已经申请了 14 项国家专利。

"不经一番寒彻骨，怎得梅花扑鼻香。"不求质量，只求完成工作的人，注定平庸；而努力学习新知识、苦练技能、追求卓越的人，必将成为时代的佼佼者！

知识小集市

宁允展，中国高铁首席研磨师，是国内第一位从事高铁列车转向架定位臂研磨的工人，亦是这道工序最高技能水平的代表，被同行称为“鼻祖”。全国从事该工序的工人不超过10人。他和他的团队研磨的转向架装上了673列高速动车组，驰骋9亿多千米，相当于绕地球2万多圈。2017年11月，宁允展获得第六届全国道德模范敬业奉献奖。

思想小引擎

张林一双“神奇的耳朵”是如何炼成的？宁允展如何在业余时间提高自己的技术？他们为什么能够成为“不可替代”的高手？你在哪些方面可以做得更好？

文化小支架

为人性僻耽佳句，语不惊人死不休。老去诗篇浑漫与，春来花鸟莫深愁。新添水槛供垂钓，故著浮槎替入舟。焉得思如陶谢手，令渠述作与同游。

（唐代杜甫《江上值水如海势聊短述》）

悦读五

努力工作 忠于企业

悦读提示

有的人踏实工作，忠于企业，日积月累，在某一领域取得优异的成绩；有的人不安分守己，动不动就离职跳槽，在不同的领域转来转去，最终一事无成。不忠于企业的人，最终害的是自己。

悦读文章

有两名交通运输管理专业毕业的中专毕业生，在校时品学兼优，毕业后同时分配到高铁公司做动车乘务员，令同学们羡慕不已。没想到，半年后，甲同学开始挑乘务员工作的各种毛病，如需要上夜班、吃饭没有规律、在车上睡不好觉、乘客吹毛求疵、考核过于严格等，有了辞职的念头，于是他上班时不再像原来那样严格要求自己，不遵守纪律，想方设法偷懒开小差，和检查人员“捉迷藏”，有好几次因为违规受到处罚。乙同学多次劝他要好好工作，但甲同学听不进去，依旧我行我素，在一次违规后，被高铁公司开除。甲同学不但不难过，还有点沾沾自喜，心想：在哪儿都比在这儿工作好！

于是，在接下来的几年内，甲同学开始了跳槽的职业生涯。他先后当过高速公路收费员、地铁值班员、火车站售票员、汽车 4S 店服务人员等。无论在哪家企业工作，他都觉得企业不好，都能挑出企业各种各样的问题，干一段时间就不好好做了，要么被辞退，要么主动辞职。五年下来，甲同学一直在从事最初级的工作，两手空空，什么实实在在的技术和本领都没有学到。他忽然感到有些茫然，心想：要是当初踏踏实实在高铁公司做乘务员，没准现在能做得不错。

乙同学呢？自从入职后，他在工作中吃苦耐劳，兢兢业业，多次被评为优秀员工，很快就被晋升为班组长。后来，他又自学了大专和本科的课程，在第五年被提升为列车长，被母校邀请回来在开学典礼上给在校生做报告。

同校毕业、同时入职的两名学生，职业发展的道路在五年后竟迥然不同。乙同学把企业看作发展自己的平台，忠实地为企业工作，不断提升自己的能力，取得了长足的进步；而甲同学一直在挑所在企业的毛病，总想着跳槽，不安心工作，最终害得自己一无所成。可见，忠于企业，其实就是忠于自己的事业。

在职场，总有一些人对自己估计过高，天生不安分，有点风吹草动就跳槽。有的人工作做得好好的，忽然碰到了一个更好的机会或可能会得到更高的薪水的工作，便义无反顾地投入新企业的怀抱，不考虑跳槽需要付出的各种成本；有的人在工作中遇到困难后不是想尽办法克服困难，与企业共渡难关，而是努力找一份新工作，逃避当前的窘境，不考虑自己错失了提高处理问题能力的机会。这些人频频跳槽，而且是跨行业跳槽，每次跳槽都要从熟悉新企业和新业务开始，还没做出多少成绩就又离开了，浪费了宝贵的时间和资源，却没有积累更多的经验和智慧。等到这些人突然发现没有企业愿意雇用自己、自己也没有足够的求职资本时，他们才意识到自己已经在频繁跳槽中渐渐老去，失去竞争优势，后面的职场之路恐怕也会越来越难走。

是金子在哪里都会发光，只要一个人安心在岗位上踏实工作、勤奋上进、刻苦钻研，天长日久，就一定会干出成绩来，甚至达到别人无法取代的高度，到时候，必然会升职加薪，上面故事中的乙同学就是很好的例子。相反，一个这山望着那山高、频繁跳槽、不忠于企业的人很可能会降低自己的“职场资信等级”，给自己的发展带来负面影响。

众多优秀企业选拔人才时，经常会把忠诚放在第一位。他们很清楚，一个缺乏忠诚的人不可重用，这样的人越能干破坏性就越大。企业用人的关键是“靠得住，有本事”。一个忠诚但无能力的人，是无用之人；一个有能力但不忠诚的人，是可怕之人。只有忠于企业、有能力而且又肯努力的人，才会得到重用，才能为公司的发展做出贡献，同时成就自己的事业。能力不高可以学习和锻炼，但缺乏忠诚将无可救药、无处生存。

忠诚是人最可贵的品质。具有忠于岗位、忠于企业的意识，带着责任感、带着真挚的情感去工作，不找借口、积极主动、全身心地奉献，努力做到最好，这是忠于企业的最直接体现。我们只有遵循“快乐源于忠诚，努力成就幸福”的朴实法则，认真工作，忠诚地为企业服务，才有可能享受工作带给自己的成就感和幸福感。

知识小集市

“跳槽”一词因其新鲜、生动，很快挤占了“换工作”“换单位”之类用语的位置，《现代汉语词典》第七版释义：①牲口离开所在的槽头，到别的槽头去吃食。②比喻人离开原来的职业或单位到别的单位或改变职业。

思想小引擎

看了上面的材料，你怎么理解忠于企业就是忠于自己？你是如何做到忠诚的？

文化小书架

几日随风北海游，回从扬子大江头。臣心一片磁针石，不指南方不肯休。

（南宋文天祥《扬子江》）

模块五

请远离这些坏习惯

悦读导入

习惯是积久养成的生活方式。叶圣陶先生曾说过：“好习惯养成了，一辈子受用；坏习惯养成了，一辈子吃它的亏，想改也不容易。”每个人在生活中都应该经常审视自己的习惯，及时改正坏习惯。在学习和工作中，人们难免会碰到令人不快的事情，如果不控制坏情绪，可能会产生恶劣的影响；遵守社会规则是对每一个成员的要求，不遵守规则的人看似“聪明”，终将自食恶果；完不成任务时找借口遮掩，而不积极纠正错误弥补过失，注定会失败；做事拖沓，会降低工作效率，阻碍事业发展，一定要及早纠正；不文明、不礼貌、不遵守公共秩序的行为毁损个人形象，遭人厌弃；不严格要求自己的坏习惯使人消极懈怠、不求上进，此种坏习惯必须摒弃。“勿以善小而不为，勿以恶小而为之”，发扬好习惯，摒弃坏习惯，从现在做起。

悦读一

不能控制情绪

悦读提示

这是美国著名成功学大师拿破仑·希尔的一次惨痛教训。故事发生在他工作时，因大楼的管理员多次将电灯关闭，拿破仑·希尔实在忍无可忍，暴风骤雨般地向管理员兴师问罪，没想到管理员却泰然处之，而且原谅了拿破仑·希尔的无理，使得拿破仑·希尔感到万分羞愧。朗读文章，体会控制情绪的重要性。

悦读文章

对于同一件令人不快的事情，不同的人可能会产生不同的情绪：有的人怒不可遏，有的人顺其自然，有的人忧伤郁闷，有的人一笑而过。人们对待情绪的方式也是千差万别：有的人不善于控制情绪，任由各种情绪随意爆发，等冷静下来后，后悔不已；有的人则能够想各种办法，很好地控制自己的情绪。情绪好坏既影响身体健康，又影响工作和生活。

所以，学会控制情绪对于每个人来说都非常重要。

一些人，特别是刚步入社会的年轻人，在人际交往中，表达方式容易直来直去，只顾发泄自己的不满，丝毫不在意他人的感受，情绪一旦失控，很可能带来不良后果。说出口的话犹如泼出去的水，即便马上收回，也可能已造成严重的影响。

美国著名成功学大师拿破仑·希尔在事业初期经历过一件事情，使他得到了一生当中最重要的一次教训。

有一次，拿破仑·希尔和办公大楼的管理员因为一场误会产生矛盾，两人从此针锋相对、彼此憎恨。这位管理员因为大楼里只有拿破仑·希尔一个人在办公室里工作而感到不满，多次在拿破仑·希尔工作时把大楼里的电灯全部关掉。一天，拿破仑·希尔刚刚坐到办公桌前，打算准备第二天的演讲稿，电灯忽然熄灭了。

拿破仑·希尔气急败坏，立刻跳起来，像旋风一样地冲向管理员的办公地点。当他到那儿时，发现管理员正一边悠闲地吹着口哨，一边不慌不忙地把煤炭一铲一铲地送进锅炉内，仿佛什么事情都没有发生过。

拿破仑·希尔忍无可忍，情绪像火山一样喷发出来，对管理员破口大骂，愤怒的叫骂声震耳欲聋。他一连骂了 5 分钟，骂得他自己精疲力竭，最后实在想不出什么骂人的词了，只好放慢了速度。这时，管理员慢慢直起身体，转过头，脸上露出不屑的微笑，并以镇静、自制且柔和的声调说道："呀，你今天早上有点激动吧，不是吗？"

这些话犹如一把锐利的短剑，一下子刺进拿破仑·希尔的身体。他呆在那里，一时间不知道该说些什么。自己歇斯底里近乎疯狂，管理员却从容淡定轻描淡写，拿破仑觉得自己简直像个小丑。一位管理员在这场战斗中轻而易举地战胜了拿破仑·希尔。而主动进攻并且有错误的一方，却是拿破仑·希尔自己。

拿破仑·希尔转过身子，以最快的速度回到办公室，身心疲惫。他把整件事反思一遍之后，认识到了自己的错误。他花了很长时间，下定决心再次回到地下室向管理员道歉，去忍受这个必须忍受的羞辱，以求得内心的平静。

在地下室，管理员见到拿破仑·希尔后，以平静、温和的声调问道："你这一次想要干什么？"拿破仑·希尔非常羞愧地告诉他，自己是来道歉的。管理员脸上再次露出了那种微笑，说："你用不着向我道歉。除了这四堵墙以及你和我，没有人听见你刚才的话。我不会把它说出去的，我知道你也不会，因此，我们不如就把此事忘了吧。"

管理员不仅表示愿意原谅拿破仑·希尔，而且表示愿意协助他隐瞒此事，不让他丢面子。这些话使得拿破仑·希尔更加无地自容。他抓住管理员的手，使劲握了握。他不仅是在用手和管理员握手，而且是用心和他握手。他的心里五味杂陈，后悔、自责、感动、释然的感觉一起涌上他的心头。回到办公室，他轻松了许多，很高兴自己能够鼓起勇气，改正了做错的事。但这件事所带来的伤害，深深地刻在了他的心里。

在那之后，拿破仑·希尔下定决心，以后无论发生什么事情，绝不再失去自制，必须努力控制自己的情绪。因为情绪一旦失控，另一个人——不论是一名目不识丁的管理员，还是有教养的绅士，都能轻易地将自己打败。一个随意让情绪“喷”出来的人，一定与成功无缘。

的确，不控制自己的情绪，肆意任性，遇到不顺心的事便随意爆发，有可能伤害自己与他人之间的感情，把好朋友变成陌生人，使小矛盾升级为大冲突，甚至会把近在咫尺的成功推向千里之外。

学会控制情绪是战胜自我的过程。碰到令自己恼羞成怒的人或事，要懂得控制情绪，让自己冷静下来，理性思考，换个角度去看待问题，用积极的心态去面对，许多难题自会迎刃而解。不以物喜，不以己悲，理性控制情绪，冷静处事，你终将叩响成功之门。

知识小集市

拿破仑·希尔(1883—1969)，现代成功学大师和励志书籍作家，曾经给两任美国总统(伍德罗·威尔逊和富兰克林·罗斯福)和千百万读者带来重大影响。

在美国，拿破仑·希尔家喻户晓，被称为“百万富翁的创造者”，著作有《人人都能成功》《成功规律》《思考致富》等，这些作品被译成 26 种文字，在 34 个国家和地区出版发行，畅销 8000 多万册。

思想小引擎

你上一次大发雷霆是在什么时候？为什么会那样？你现在怎么看待它？读完这篇文章，你有哪些感想，今后打算怎么做？

文化小支架

风力掀天浪打头，只须一笑不须愁。近看两日远三日，气力穷时会自休。

(南宋杨万里《闷歌行十二首》)

悦读二

不能遵守规则

悦读提示

在学校生活的学生，一定要遵守学校的各种规章制度，否则将受到学校的处理；在社会上过往的人，一定要遵守社会公德，遵守社会上的行为规范，否则将受到社会的谴责。

悦读文章

2020 年，××大学对一名大二学生给予了严重警告处分，原因是该生自 2019 年入学以来，从未履行请假手续，以致累计旷课达 30 学时，尚有多次擅自夜不归宿、留宿五星级酒店进行网络直播等行为。该生也曾多次被辅导员、导师批评教育，仍屡教不改。因此，学校依据规定制度，给予该生严重警告处分。

该处分一公布，就听到不同的声音。有人认为学校处理太重，依据是没有几位大学生敢说自己在校四年从未旷过课，该生虽然旷课次数多，但一年半内算下来一学期平均也就在 10 次左右，且他也没有挂科现象。至于网络直播，证明了该生积极参加创业实践，学校应给予支持，而不是给予严重警告处分。

这种声音可以说抹杀了规则的严肃性。许多学生没有认识到规则的严肃和效力，这也正是当代一些大学生经常犯的错误之一。当规则开始发挥效力的时候，就绝不是花拳绣腿，绝不是绣花枕头，一定成为千钧之力。任何一所学校的《学生管理规定》中都会明确指出，凡违反国家的法律法规，违反学校规章制度的学生，学校有权给予相应的纪律处分。从该大学的处分公告来看，处分做出的依据就是《××大学学生违纪处分条例》以及《××大学学生公寓管理办法(试行)》；从内容上看，××大学对该生的处分也是合理的。那些认为该生行为未造成严重后果，不该给予处分或处分过重的反对声音，说白了就是缺乏规则意识的表现。

作为在校的学生，必须要牢固树立规则意识。因为有些学生进校是人生第一次远离父母，没有了父母的管教，加上学校管理已不是中学的管理模式，学生很容易产生终于可以摆脱家长管束的感觉，常会出现放飞自我的想法。然而，环境的改变并不代表没有了规则，事实上，学生只要在学校生活，都应主动了解规则、尊重规则、敬畏规则，以避免将来在社会上到处碰壁，从而付出沉重代价。××大学的这名学生，应庆幸自己在校园里就感受到了规则的力量，如果到了社会上一定不是处分的问题，一定是工作单位能否留用的问题。学校是教书育人的地方，处分不是为了制裁，而是为了教育。除去极端情况，学校不会把学生推向社会的。就××大学这次处分而言，学校明确“处分期限 6 个月，处分到期后经学院、学校主管部门考察合格后予以解除”。可见，处分还能解除，表明学校仍是以教育学生、爱护学生为主导。

在学校，学生如果藐视规则，不主动了解规则，仍然我行我素，那么，很有可能被能力和性格反噬，这样才真正给自己设置障碍，自断了前程。

我们在地铁里，经常会看到很多乘客为了消磨路途上的时间，使用电子设备视频浏览、语音聊天。然而，有些乘客的设备外放产生的噪声给其他乘客带来很强烈的反感，因此“静音车厢”的呼声越来越高。2020 年 12 月 1 日，上海市新修订的《上海市轨道交通乘客守则》正式出台，条款中明确规定：禁止使用电子设备时外放声音。因为在公共场所使用电子设备外放声音，本质上与在车厢内大声喧哗一样，不仅干扰到了其他人的正常乘车，而且给他人带来负担，违背了公序良俗。因为类似电子设备外放声音这种越界行为，从根本上来说是一种对别人的忽略和不尊重。

知识小集市

公民道德规范是一个国家所有公民必须遵守和履行的道德规范的总和，主要由基本道德规范和社会公德规范、职业道德规范、家庭美德规范构成，涵盖了社会生活的各个领域，适用于不同社会群体，是每个公民都应该遵守的行为准则。我国公民道德基本规范是指爱国守法、明礼诚信、团结友善、勤俭自强、敬业奉献。

思想小引擎

你怎么评价那些不遵守规则的人？文中的两种现象给了你哪些启示？今后你打算怎么做？

文化小支架

孟子曰：离娄之明，公输子之巧，不以规矩，不能成方圆；师旷之聪，不以六律，不能正五音；尧舜之道，不以仁政，不能平治天下。

（《孟子·离娄章句上》）

释义：孟子说：像离娄那样视力好的人，鲁班那样手巧的人，如果没有规矩，也不能画出方圆；像师旷那样听力好的人，不按照六律，也不能纠正五音；尧舜的施政之道，不施行仁政，也不能治理天下。

悦读三

经常找借口

悦读提示

有些人在做不好事情时总是喜欢找借口推卸责任，殊不知，人们在找借口的同时，也剥夺了自己成功的机会。优秀的人则不然，他们凡事会尽自己最大的努力，坚持到最后。我们该如何面对学习和生活，朗读下面的文章，从中得到启示。

悦读文章

找借口是人生中最容易做到的事情之一，没有哪个坏习惯比找借口更可怕。然而，在生活、工作和学习中，我们经常会听到有人找这样或那样的借口，堂而皇之地列出不能做某事或做不好某事的理由。有的学生上课不好好听讲，会说是因为老师讲得不好、课堂没有意思；有的学生没有完成作业，会说题太难自己不会做、老师留的作业太多或家里环境不适合学习；有的人上班迟到，会找“路上堵车”“手机闹钟没响”等理由；有的员工业务拓展不顺利，工作无业绩，会有“制度不行”“政策不好”“环境不佳”“我已经尽力了”等托词。

只要想找，借口无处不在。做不好一件事情，完不成一项任务，抱怨、推诿、迁怒成了最好的解脱。借口就是一张敷衍别人、原谅自己的“挡箭牌”，可以让人懒惰、意志消沉、无所事事。然而，虽然借口让我们暂时逃避了困难和责任，暂时获得了些许心理上的慰藉，但是找借口的代价却无比昂贵。有了借口，人会躺在从前的经验规则和思维惯性上舒服地睡大觉，遇到困难和挫折时不是积极去想办法克服，而是去找各种各样的理由消极应对，其潜台词就是“我不行，我不可能做到”。借口剥夺了个人成功的机会，最终让人一事无成。

一位长期在公司底层挣扎、时刻面临失业危机的中年人，来到老板的办公室，他讲话时神情激昂，抱怨公司老板不愿意给自己机会。“那你为什么不自己去争取呢?”老板问。“我曾经也争取过，但是我不认为那是一种机会。”他依然义愤填膺。“能告诉我那是什么事吗?”“前些日子公司派我去海外营业部，但是我觉得像我这样的年纪，怎么能经得起如此折腾呢?”“为什么你会认为这是一种折腾而不是一种机会呢?”“难道你看不出来？公司本部有那么多职位，却让我去如此遥远的地方，我有心脏病，这一点公司所有的人都知道。”其实这位先生并没有什么心脏病，他只是为自己不愿远行找了一个借口而已。

有一次，公司的一笔业务因为他的原因被别人抢走了，造成了一定的损失。事后，他合情合理地解释了失去这笔业务的原因：他的腿伤发作，比竞争对手迟到了半小时。上司原谅了他，没有深究这件事。从此以后，每当公司派他出去联系棘手的业务时，他总是以他的腿不行而推诿；但如果有比较好揽的业务时，他又跑到上司面前，说腿不行，要求在业务方面有所照顾。他把大部分时间和精力都花在了如何寻找更合理的借口上，碰到难办的业务能推就推，碰到好办的差事能争就争。时间长了，他的业务成绩直线下滑，没有完成任务时他就怪他的腿不争气。后来，他习惯了以腿为借口在公司里迟到、早退，甚至吃工作餐时喝酒，他说喝酒可以让他的腿舒服些。上司几次提醒和劝导，他都以腿伤为借口，拒绝改正。最后，公司忍无可忍，把他开除了。

许多找借口的人，都像上面提到的人这样，在第一次享受了借口带来的短暂快乐后，沾沾自喜，见没有带来什么不良结果，就变本加厉，重复的次数一多，越来越无所谓，最后变得麻木不仁，直至彻底失败。

和上面提到的人的做法相反，很多优秀的人从不在工作和学习中寻找任何借口，而是竭尽所能，把每一件事情做到最好。

1968 年的墨西哥城奥运会上，坦桑尼亚选手阿赫瓦里在比赛中因碰撞摔倒，伤势严重。他拖着被踩穿孔的膝盖和脱臼的肩膀，作为最后一名，一瘸一拐地坚持跨过终点线。一位记者同情地看着他，不解地问，为什么明知毫无胜算，还要拼命跑下去？阿赫瓦里坚定地答道："我的祖国把我从遥远的地方送到这里，不是让我开始比赛，而是要我完成比赛……"他的名字和这句话从此成为奥运史上的一个经典。

不同的心态，不同的结局。失败总是缠上那些习惯为自己找借口的人，成功则青睐无论发生什么都要跑完比赛的人！

因此，不找借口，不推卸责任，才能离成功越来越近。每天清晨，请对自己说："找借口是一种坏习惯，我是一个不需要找任何借口的人。我目标明确，对自己的言行负责；我怀着使命感工作，凡事自己做决定并付出最大的努力；我不抱怨外部环境，而是努力克服困难，马上行动起来，办法总比困难多！"

知识小集市

奥林匹克运动会，简称奥运会，发源于两千多年前的古希腊，因举办地在奥林匹亚而得名。奥运会是国际奥林匹克委员会主办的世界上规模最大的综合性运动会，每 4 年举行一届，会期一般为 16 天，分为夏季奥运会、冬季奥运会等。

"现代奥林匹克之父"法国人顾拜旦于 1889 年倡议举办现代奥林匹克运动会。国际奥委会于 1894 年成立，1896 年在希腊雅典举办了首届奥运会。2024 年奥运会将由法国巴黎承办，2028 年奥运会将由美国洛杉矶承办。

思想小引擎

你有没有想过，在工作或学习中总是找借口会带来哪些不良后果？这篇文章给了你哪些启示，今后你会怎么做？

文化小支架

明者因时而变，知者随事而制。

（汉代桓宽《盐铁论》）

释义：聪明的人（往往会）根据时期的不同而改变（自己的策略和方法），有大智慧的人（会）伴随着事物（发展方向）的不同而制定（相应）的管理方法。

悦读四

懒惰与拖沓

悦读提示

寒号鸟因为懒惰和拖沓冻死了自己，也有很多人因为拖沓害人害己。拖沓的害处很多，我们可以通过不断提醒自己、制定明确目标、科学安排任务、合理规划时间等方法改掉拖沓的坏习惯。

悦读文章

寒号鸟的故事大家还记得吗？寒号鸟从春到秋忙于炫耀自己美丽的羽毛，不考虑如何度过寒冷的冬天。冬天来了，在北风呼啸的夜晚，它无处藏身，只好躲在石缝中，哀号着："哆啰啰，哆啰啰，寒风冻死我，明天就垒窝。"等到第二天阳光明媚，它晒着太阳，又舒服，又暖和，于是告诉自己："今天不太冷，垒窝的事明天再说吧。"到了夜里，寒风刺骨，它冷极了，再次哀号："哆啰啰， 哆啰啰，寒风冻死我，明天就垒窝。"但是到了第二天，它仍然懒得垒窝，继续推托到"明天"。这样哀号和推托了数天之后，寒号鸟最终也没有垒起窝，活活冻死了。

虽然这是一则听起来近乎荒诞的寓言故事，但在现实生活中，像寒号鸟这样懒惰和拖沓的人大有人在。这类人总是把"一会儿做、明天做、以后做"这样的话挂在嘴边，把不喜欢或太费力气的事一拖再拖，想着"没关系，还有时间，明天再说吧"，但到了第二天，仍找不到行动的动力，于是想着"车到山前必有路"，得过且过，继续拖，拖到最后一刻才打起精神，仓促应付。

这种拖沓行为看似不起眼，但美国心理学家约瑟夫·R. 法拉利认为，做事拖沓是一种心理不健康的表现，他称之为"慢性拖拉症"。工作任务一拖再拖，实在拖不下去了才心急如焚地草草了事，匆忙交差后又觉得有诸多不完善，焦虑后悔，长期处于恶性循环的被动工作状态，使人身心疲惫。

做事拖沓的害处很多。首先，拖沓并不能使事情减少或自动解决，只会越积越多，给人造成严重的心理负担，让人对堆积如山的工作望而生畏，随之而来的是无尽的烦躁、焦虑和后悔。其次，拖沓者由于不能按时完成任务，质量也无法保证，很容易失去周围人的信任，影响其与周围人的关系；上司或老板会怀疑他对工作的尽心程度以及工作能力，不愿对其委以重任，使得拖沓者在事业上很难有更好的发展。最后，拖沓会使人形成懒散消极的性格，凡事得过且过，很难取得令人满意的成绩，影响其一生的发展。

很多人都知道拖沓害处多，但苦于无法摆脱这个恶习。那么，如何改掉拖沓的坏习惯呢？不妨尝试下面的方法。

一、时刻警告自己不可以拖沓

写一张类似座右铭的字条，如“拖沓害人”“不要拖沓，现在开始行动”“拖沓会使你越来越焦虑”等，放在显眼位置，提醒自己尽快开始着手做事情。思想决定行动，在思想上对自己有所要求，付诸行动的可能性就会变大，拖沓行为就有可能慢慢减少或消失。

二、确定明确的目标，制订详细的实现目标的计划

假如你当前的目标是减肥，如果仅有“减肥”这样一个笼统的目标，那么结果很可能是你一点也减不下去，你必须有详细的目标和计划，如目标是一个月减重 3 千克，计划每天正常吃早、午饭，晚饭用酸奶和水果代替，每天晚上运动 1 小时等。这样按计划执行，就不容易拖沓，实现目标的可能性会增大很多。

三、科学安排任务

明确处理任务的顺序，先处理重要且紧急的事，然后处理不重要但紧急的事，再处理重要但不紧急的事，最后处理既不重要又不紧急的事，做到轻重缓急安排得当。如果碰到比较复杂、艰巨的任务，先不要有畏难情绪，要相信自己一定能够完成。尝试把大块任务分成小块，逐个击破，实现从量变到质变的飞跃。即使是非常困难的任务，当你把它拆解开变成一个个小困难时，你也一定会完成。

四、合理规划时间

对于时间管理能力差者，规划好时间是避免拖沓的重要方法。每天做好自己的日程安排，根据事情的轻重缓急合理安排时间，争取做到今日事、今日毕。

五、消除所有干扰

工作时，要集中注意力完成手头的事情。把手机放到一旁，关闭聊天工具、电视，不要上网或接收电子邮件，排除任何能影响你注意力的事物，避免拖沓行为的产生。

虽然上面说了很多种克服拖沓的方法，但归根结底，改掉拖沓习惯的关键是首先在思想上认识到拖沓的害处，然后依靠自己的意志力和有效方法去改掉这个坏习惯。只要下定决心，改掉这个坏习惯指日可待。

知识小集市

日事日毕，日清日高。意思是说当天的工作决不往后拖，今天的工作必须今天完成，今天完成的事情相比昨天必须要有质的提高，明天要达成的目标必须比今天的更高。每天进步一点点，时间长了进步就很大了。

思想小引擎

你认为拖沓有哪些害处？你有没有因为拖沓而使自己受损失或挨批评的经历？你将如何避免拖沓？

文化小支架

明日复明日，明日何其多。我生待明日，万事成蹉跎。世人若被明日累，春去秋来老将至。朝看水东流，暮看日西坠。百年明日能几何？请君听我明日歌。

（明代钱福《明日歌》）

悦读五

搬弄是非不可取

悦读提示

人的舌头是好东西，也是坏东西。有智慧的人宁可因寡言被人谴责，也不会多言惹人厌恶。不向同事吐口水，不听闲话，放弃鸡毛蒜皮的小事，不散播耳语，做聪明的听众，才能获得别人的好感。不做搬弄是非的人，面对搬弄是非的人泰然处之，坦然面对。

悦读文章

爱迪生曾说过：“一个谎言，一定要用另外一个谎言加以弥补，否则它会漏洞百出。”这等于说明了：“一个人扯了一个谎，一定会被迫要再编造更多的谎言去支持它。”

林肯也说过：“你可以在所有的时间中欺骗某些人，你也可以在某些时间中欺骗所有的人，但你却不能在所有的时间中欺骗所有的人。”

其实，有人群的地方就会有是非，所以是非终日有，不听自然无。

想必这个故事大家都听过，爷孙俩买了一头驴，开始是爷爷让孙子骑着走，有人看到后就说，这孩子一点不懂孝敬老人；于是孙子让爷爷骑着走，这时又有人说，这爷爷一点不知道疼孙子；爷爷听后，弄得爷孙俩都不骑驴了，牵着驴走，这时，又有人笑话他俩放着驴不骑，简直就是大傻瓜；结果爷孙俩只好抬着驴走。你看着爷孙俩多么尴尬。如果我们不想“抬驴”，那么我们就不要去听那些是非而受累。

惠子在魏都大梁做梁惠王的宰相时也有过这样的尴尬经历。庄子准备去看望惠子，有人听说后就想破坏他们之间的友谊，于是跑到惠子面前，无中生有地搬弄是非说：“庄子要来魏都，名义上是来看望你，实际上他是来向君王显露自己的才干，心中是想代替你做魏国的宰相啊！”

惠子听后竟完全相信了，暗想：庄子这么才华横溢，如果他来当宰相，那当代还有谁能比得过他？但是，你庄子和我又是好朋友，你怎么能对我产生这取而代之的念头呢？惠子心中恐慌害怕，于是心里也暗暗恨起庄子来！他心里想到：你不仁，就别怪我不义！于是他下令在都城大梁搜捕庄子。可一连搜了三天三夜，也未见庄子的踪影。

其实庄子早就进了大梁都城，但他智谋高深，怎么能让那些士卒搜捕到他？他见惠子这么容易受小人愚弄，非常气愤，原本准备入相府见惠子的热情早已冷淡。但这时如果不见上惠子一面见，岂不正中小人的计了？

于是，庄子大摇大摆走入相府，卫士忙入内禀告，惠子硬着头皮将庄子引入书房。庄子不无戏弄地对他说：“南方有一种鸟叫鹓雏，从南海出发飞到北海，不是梧桐树它不停下来休息，不是竹子的果实它不吃，不是甜美的泉水它不饮用。”

那惠子非常敏感，深深地感受到是自己误会了庄子，于是脸露愧色。可庄子没有顾及惠子的面皮，他知道这些看重官位的人，都有妒贤嫉能的臭毛病，所以他继续用挖苦讽刺的语调痛斥道：“有一只猫头鹰找到了一只腐烂的老鼠，鹓雏刚好飞过，猫头鹰以为鹓雏要抢它这只死老鼠，护食的心态顿起，仰起头恐吓地喊了一声‘吓’！现在你是否也因为你的梁国而要吓唬我呢？”

这时惠子更加尴尬，既愧自己妄听小人之言，又恨自己以功名利禄来度君子之腹，自己因为利欲熏心，竟不顾纯正友情，于是惠子忙向庄子谢罪，请求得到他的原谅。

其实，不听是非的好处就是让自己的耳根清净，让自己的心情舒畅。搬弄是非的人一旦开始发难是很难闭上嘴的，不过问题往往出在听信是非的人，听信就等于鼓励他们继续搬弄是非。而真正误入歧途的是奖励搬弄是非的人，专心倾听他们所讲的坏话，为他们鼓励喝彩，甚至还以此采取行动。

生活中，绝大多数人都渴望与别人真诚相处，希望自己能够工作生活在一个互相理解十分融洽的集体中，但生活中总免不了有一些爱搬弄是非的人，到处捕风捉影、道听途说，结果搞得一个单位人心涣散，四分五裂，所以希望大家要远离是非，不要做搬弄是非的人。

知识小集市

酒与污水定律。该定律是指如果把一匙酒倒进一桶污水中，你得到的是一桶污水；如果把一匙污水倒进一桶酒，你得到的还是一桶污水。

几乎在任何组织里，都存在几个难弄的人物，他们存在的目的似乎就是把事情搞糟。他们到处搬弄是非，传播流言、破坏组织内部的和谐。最糟糕的是，他们像果箱里的烂苹果，如果你不及时处理，它会迅速传染，把果箱里其他苹果也弄烂，“烂苹果”的可怕之处在于它那惊人的破坏力。

思想小引擎

你身边有搬弄是非的人吗？如果有，你是如何面对的？采用了哪些方法？

文化小支架

口惠而实不至，怨菑及其身。

（《礼记·表记》）

释义：口头上向别人许诺的好处不加以兑现，就会招致别人的怨恨。

模块六

请注意这些小习惯

悦读导入

著名教育家叶圣陶曾说过：“教育就是习惯的培养。”好习惯是可以培养的，青少年时期是行为和生活方式形成的重要阶段，是养成好习惯的最佳时期，职业学校的学生应注意培养良好的习惯。仪容仪表仪态是一张虽无文字但形象而生动的名片，每个人都应该珍惜这张名片。人不仅应有得体的外表，而且应有礼貌的行为，认真倾听是具有良好教养、尊重他人的重要表现。信义大于天，守信是人立足社会的根本，遵守诺言、诚实守信的人才能得到他人的信任和支持，进而获得成功。态度决定一切，细节决定成败，要将这样的理念融入工作实践中，关注每个细节并把它做细、做好，才能取得卓越的成绩。勤于思考、善于总结是人必备的好习惯，有了这样的好习惯，才能发现别人发现不了的问题，找出别人找不到的解决办法，突破创新。

悦读一

仪容仪表仪态是一张没有文字的名片

悦读提示

在日常生活和工作中，人们经常习惯于以貌取人。穿着得体，行为举止与自己的身份、职业相匹配的人往往更容易得到他人的尊重与认可。良好的仪容仪表和仪态是人取得成功的重要因素之一。朗读下面的文章，体会注重仪容仪表仪态的重要性。

悦读文章

在人际交往过程中，仪容仪表仪态是一张没有文字的名片，形象而生动。美国著名形象设计大师罗伯特·庞德说：“你的整体展示——服装、身体、长相、态度为你打开凯旋、胜利之门。”整洁的着装、得体的举止给人以舒适的感觉。良好的第一印象往往至关重要。

心理学中有一个著名的首因效应，又被称为第一印象效应。它是指最初接触到的信息所形成的印象对后续行为活动和评价的影响。美国心理学家兹尼博士指出：“人的第一印象是在最初 4 分钟决定的。”后来的影响都只是对第一印象的修正或补充。因此，给人留下良好的第一印象是获得对方认可的第一步。可以说，得体的仪容仪表仪态是获得成功的重要因素之一。

何谓得体的仪容仪表仪态？通俗点说，就是一个人的穿衣打扮、举止行为、精神气质要和自己的身份和职业相匹配。学生要干净朴素、朝气蓬勃，士兵要整洁干练、挺拔威武，服务人员要端庄得体、彬彬有礼……一个穿着奇特、发型怪异、浓妆艳抹、佩戴繁杂首饰的人说他是学生，谁能相信呢？即使有人相信他是学生，也会打心底里认为他是一个怎样的学生呢？

虽然我们反对以貌取人，但初次打交道时，以貌取人是人们惯常的做法。例如，我们去逛商场时，有两个推销员，一个看起来有些丑还不修边幅，另一个很漂亮而且衣着得体，他们都在向你推销自己的新产品，而且推销技巧不相上下，你会停下脚步听谁讲解呢？很有可能是漂亮的那一个。这样，我们在不知不觉中就把获取成功的机会给了漂亮得体的那个人。难怪，有一位著名的企业总裁在一次演讲中说：“作为一个企业的领导者，为什么要说形象重要？因为形象就是宣传，形象就是效益，形象就是服务，形象就是生命，在市场经济条件下，形象重于一切。”

在社会交往中，人们也比较欢迎着装得体的人，排斥着装不得体的人。阿凡提赴宴的故事想必大家都听过吧。有一次，阿凡提穿着一身破旧的衣服去参加朋友的宴会。朋友怕人家笑他和穷人来往，面子上难看，便把阿凡提赶了出去。阿凡提回家换了一套崭新的衣服，马上又赶到朋友家去。朋友见他这回穿得整齐漂亮，立刻另眼看待，恭恭敬敬地请阿凡提坐了上席。虽然这则故事意在讽刺宴会主人以貌取人，但一个人仪容仪表的重要性在这里也可见一斑。即使是在今天，如果某人的穿着打扮与所在的场合格格不入，恐怕也会招来他人异样的目光。

除了良好的仪容仪表，良好的仪态也是一个人成功的重要因素之一。

生活中，人们对“风度”一词津津乐道，常常以做一个有风度的人为目标。所谓风度，指的就是优美的仪态。《论语》有言：“君子不重而不威”“望之俨然，即之也温”。充分说明仪态优雅才能受人欢迎。

在正式场合，一个人的举止、动作、姿势等方面，要文明、优美、得当。无论是怎样不拘小节的人，下面这些规范都是应该遵循的。

一、站姿

站立时，身体务必要挺拔，这样才能展示出优雅的线条和焕发的精神。如果弓背、凸腹、歪头、斜肩等，恐怕看着就让人觉得“难过”。站立时，双手自然下垂，双脚自然分开，避免不文明、不礼貌的姿势，如趴、扶、拉、倚、靠等散漫动作，这些会给人造成散漫、无精打采、难成大器的感觉，进而让他人对你产生不信任感。

二、走姿

走路时，方向要保持相对稳定，不要忽左忽右、忽前忽后；速度尽量保持匀速，目视前方，不要左顾右盼；上身挺拔平稳，腿部要伸直，力求稳健。

三、坐姿

落座要有先后，不要抢在来宾、上司、长辈、女士之前入座。坐下来的时候，要从容，不要“大起大落”。此外，要遵循“不满座、不靠背”的原则。坐的时候，上身应当挺直，双手可以十指交叉，或者叠着放在腿上或桌子上；双腿可以采取垂直式、叠放式、前后式等多种文雅、优美的坐姿。

得体的外表和优雅的仪态会在你成功的道路上助你一臂之力。从现在起，请保持干净、整齐、得体的着装，保持友善的微笑，保持挺拔的身姿，从点滴做起，相信成功会离你越来越近！

知识小集市

首因效应是指最初接触到的信息所形成的印象对人们后来的行为活动和评价的影响，也就是“第一印象”的影响。即人们最初形成的印象不容易改变，甚至可能左右对后来获得的新信息的解释。

近因效应是指人们在识记一系列事物时，对末尾部分内容的记忆效果要优于中间部分内容的现象。

思想小引擎

你平时会关注自己的仪容仪表仪态吗？你认为不得体的仪容仪表仪态会给人带来哪些不好的影响？你认为学生怎样着装比较符合自己的身份？你今后在仪容仪表仪态方面打算怎样改进？

文化小支架

汉室鸿儒盛，邹堂大义明。五千道德阐，三百礼仪成。

青紫方拾芥，黄金徒满籝。谁知怀逸辩，重席冠群英。

（唐代李峤《经》）

悦读二

尊重他人 认真倾听

悦读提示

你是一个善于倾听的人吗？你有多久没有认真听别人讲话了？倾听是助人成功的重要品质之一。古今中外成功人士善于倾听的故事不胜枚举。如何才能做到认真倾听？朗读下面的文章，试着找出答案。

悦读文章

亲爱的同学，你是一个善于倾听的人吗？课堂上，老师在讲台前娓娓道来，你有没有跟上老师的思路，和老师一起遨游知识的海洋？开学典礼上，校长在主席台千叮万嘱，你有没有跟随校长的脚步，和校长一起畅想美好的未来？宿舍里，同学向你倾诉满腹的委屈，你有没有做一个耐心的听众，帮助他排忧解难？在家里，父母在你远行前反复叮咛，你是否能理解他们的苦心，让他们彻底倾诉自己的担忧？如果你是一个善于倾听的人，恭喜你，成功的脚步会离你越来越近；如果你还不善于倾听，请你努力学会，因为，善于倾听是你人格修养中的一项重要内容。

倾听的重要性不言自明，古今中外，许多人之所以能够取得成功，和他们善于倾听的优秀品质是分不开的。

明太祖朱元璋本是一介平民，为什么最终能够登上皇帝的宝座？当然，仅凭他的个人才能是不够的。朱元璋府中的幕僚，在他成功的道路上起着不可或缺的作用。从鄱阳湖打败陈友谅，到平江消灭张士诚，再到大军北伐统一江山，朱元璋在做出大的决定前，都把他的幕僚招到身边，仔细聆听他们的看法，并向他们征求意见。

这一点在朱元璋做了皇帝后表现得更为明显。他每天都有一个固定的时间，在后花园邀请一些名人儒士，请他们讲解儒家学说、谈论治国之道，为国家建言献策，每次朱元璋都认真聆听。这种善于倾听、善于纳谏的做法，为朱元璋稳定江山、实现国家富强提供了重要的保障。

君王善于倾听有助于治理国家，普通人善于倾听则可以促进事业的成功。

被誉为“当今世界最伟大的推销员”的乔·吉拉德对一件事终生难忘。在一次推销活动中，乔·吉拉德与客户洽谈顺利，正准备签约时，对方却突然变了卦。

乔·吉拉德百思不得其解。当天晚上，他根据顾客留下的地址，上门去请教原因。客户见他满脸真诚，就实话实说：“我临时改变主意是因为你不认真听我讲话。在我准备签约时，我提到我的独生子即将上大学，接着又提到了他的运动成绩和他的抱负。他是我的骄傲，但是当我说这些时，你不仅没有任何反应，而且转过头去打电话，我很生气，就改变主意了。”

这番话使乔·吉拉德如梦初醒，他才领悟到了“倾听”的重要性。他认识到，如果不能自始至终认真听对方讲话，认同顾客的心理感受，就很有可能会失去自己的顾客。从那以后，每当面对顾客时，他总会认真倾听他们讲话，无论是否和他的交易有关，都给以充分的尊重，收到了意想不到的效果。最终，乔·吉拉德成为一名成功的推销员。

倾听不是简单地用耳朵来听，它是一门艺术。我们不仅要用耳朵来听说话者的言辞，而且要全身心地去感受对方话语中传递的信息。在倾听的过程中，我们应该做到：

一、专注地看着对方

人们判断对方是否在倾听和接收自己所说的内容时，往往是根据对方是否在看着自己来做出结论的。有的人听的时候心不在焉，左顾右盼，或者一边听一边看电脑或忙其他事情，别人本来有很多的建议或想法与他沟通交流，看到这种情况，感觉受到冷落，自然闭口不谈了。所以，倾听时一定要专注地看着对方。

二、不要中途随意打断他人的话

随意打断别人讲话，不仅是缺乏教养、没有礼貌的表现，而且还会让你错过许多重要信息，甚至产生不必要的误解和偏见。

三、倾听的时候要点头微笑回应

倾听的时候要不断地回应对方，对方看到你不断地点头、微笑，就会有表达的欲望，继续讲下去。如果他讲了半天，你没有丝毫反应，也没有任何表情，他也就不愿意再说下去了。

认真倾听，是一种待人礼貌的教养，是一种情感投入的能力，是一种重要的职业素养。所以，我们要学会倾听。当你能够沉静地坐下来，微微前倾你的身姿，目光清澈地注视对方，那么你就能让人感受到信任与支持，感受到温暖和力量，你就向成功迈近了一步。

知识小集市

朱元璋(1328—1398)，字国瑞，濠州钟离(今安徽凤阳)人，元末农民起义军首领，明朝开国皇帝(1368—1398年在位)，史称明太祖。

朱元璋幼时家贫，曾为地主放牛。25岁参加郭子兴领导的红巾军反抗元朝，1356年被部下奉为吴国公。同年攻占集庆路，将其改为应天府。1368年朱元璋在应天府称帝，国号大明，年号洪武。同年秋攻占大都，结束了元朝的统治。又平定西南、西北、辽东等地，最终统一全国。

思想小引擎

你认为在倾听时应该注意哪些事项？朱元璋和乔·吉拉德的故事给了你哪些启发？

文化小支架

君之所以明者，兼听也；其所以暗者，偏信也。

（汉代王符《潜夫论8 1明3暗6)A 6 3 1

释义：贤明的君主，应当善于听取别人的意见；昏聩的君主，只会听信谗言。

悦读三

遵守诺言 诚实守信

悦读提示

诚信历来是中华民族的传统美德，古代商鞅"徙木立信"、季布"一诺千金"的故事流传千古，向来为人们所称颂和学习；现代武汉"信义兄弟"罹患劫难却按时给农民工发放工资的故事感人肺腑，奏响了新时代的诚信最强音。

悦读文章

遵守诺言、诚实守信自古以来就是中华民族的传统美德。人们推崇诚信，讲求诚信，诚信之风质朴醇厚，诚信之气充盈中华。诚信早已融入中华民族文化的血液，成为中华文化基因中不可或缺的重要一环。在长期的生活实践中，人们总结出了许多关于诚信的名言佳句。如《论语》中"与朋友交，言而有信"，《礼记》中"不宝金玉，而忠信以为宝"，还有"一言九鼎""一诺千金""一言既出，驷马难追"等，说的都是要遵守诺言，诚实守信。诚信，自古以来就是人的立身之本。

商鞅"徙木立信"的故事流传千古。春秋战国时期，商鞅在秦孝公的支持下主持变法。当时战争频繁、人心惶惶，为了树立威信、推进改革，商鞅命人在都城南门外立一根三丈长的木头，并承诺：能把这根木头搬到北门的人，将获赏十金。围观的人不相信可以轻而易举地得到这么高的赏赐，没有人愿意尝试。于是，商鞅将赏金提高到了五十金。俗话说，重赏之下必有勇夫，有人站出来，将木头扛到了北门。商鞅立即赏了他五十金。商鞅的这一举动在百姓心中树立了威信，使得接下来的变法在秦国很快得以全面推广。

季布"一诺千金"的故事亦是流芳百世。秦末有个叫季布的人，从来说话算数，信誉非常高，很多人都同他建立了深厚的友谊。当时民间流传着这样的话："得黄金百斤，不如得季布一诺。”后来，季布因得罪汉高祖刘邦获罪，被悬赏捉拿。他旧日的朋友不被重金所惑，冒着灭九族的危险保护他，才使他免遭祸患，逃过了劫难。

像商鞅和季布那样，遵守诺言，诚实守信的人，才能获得人们的尊重和信任。古人知道并且践行着诚信的做人准则，今人更是应该将这样的优秀品质深深植根于自己的思想和行动中，并将其发扬光大。当今社会，诚信的故事不胜枚举。

孙水林和孙东林兄弟俩是武汉小有名气的建筑商，他们在工作中有个不成文的规矩，每年春节前一定要把工钱发到农民工手里，从 1989 年承包工程开始，20 多年来，无论遇到多大的困难，他们都没打破过这个惯例。

2010 年 2 月 9 日，农历腊月二十六，哥哥孙水林因为在北京催收的工程款太少，不够给农民工发工资，便去天津找弟弟孙东林借钱。拿到钱后，由于担心下雪封路不能及时发工资，孙水林不顾弟弟劝阻，当晚带着 26 万元现金匆匆开车赶往武汉。由于路面结冰，河南境内的高速公路上发生了重大车祸，20 多辆汽车连环追尾。孙水林夫妇和三个孩子在车祸中全部遇难。

哥哥一家人遭此横祸，令孙东林悲痛不已。哥哥之所以着急赶回去，是为了遵守承诺，在春节前给农民工发完工资。为了完成哥哥的心愿，孙东林一边和交警协商节后处理事故善后事宜，一边拿着在哥哥车上找到的 26 万元现金，连夜赶往老家，去兑现哥哥的诺言，把工资发给农民工。

由于哥哥孙水林的账单已经在车祸中遗失，在没有任何凭据的情况下，弟弟孙东林让农民工凭良心报账，自己凭良心发钱，报多少发多少。腊月二十九的下午，26 万元现金全部发完了，可是还有一些农民工没有领到工资，于是孙东林拿出自己的 6 万多元积蓄和老母亲的 1 万元养老钱，共发放了 33 万余元。到腊月二十九的晚上 8 点，农民工的工资全部兑现。

20 多年来，孙水林践行着诚信，而在他罹难之后，弟弟孙东林义无反顾地替哥哥按时给农民工发放了工资，兑现了哥哥当初的诺言。“信义兄弟”宁可自己难，也不让别人忧，虽然生死相隔，但完成了一次让人心痛的诚信接力，赢得了工人们无比的信赖和世人的高度赞赏。

遵守诺言，诚实守信，是人生宝贵的财富，是高尚的道德修养，是个人成功的重要基石。希望每个人都能把诚信作为处事的基本准则，并永远牢记：诺言比金贵，诚信大于天!

知识小集市

商鞅变法：战国时期，秦国的秦孝公即位以后，决心图强变革。商鞅提出了废井田、重农桑等一整套变法策略，得到了秦孝公的信任。公元前 356 年至公元前 350 年，商鞅在秦孝公的支持下实行了以“废井田、开阡陌，承认封建土地私有制；实行郡县制，奖励耕织和军功，实行连坐之法”等为主要内容的变法。商鞅变法推动了秦国的社会进步，促进了经济发展，为秦国的崛起奠定了基础。

思想小引擎

读过文中三个关于诚信的故事后，你有哪些感想？你能分享一个令你印象深刻的有关诚信的故事吗？

文化小支架

自古驱民在信诚，一言为重百金轻。今人未可非商鞅，商鞅能令政必行。

（北宋王安石《商鞅》）

悦读四

关注细节 追求完美

悦读提示

你听说过“细节决定成败”这句话吗？在日常工作和学习中，你是事事做到差不多就行，还是能够不折不扣按要求执行？朗读下面的文章，了解细节的故事，体会“细节决定成败”所蕴含的深意。

悦读文章

有这样一句话：“态度决定一切，细节决定成败。”在日常工作、学习和生活中，只有注重细节才能把事情做好。其实，人与人之间在智力和体力上的差别并没有想象中的那么大。很多小事，大家都能做，只是做出来的效果有差别，而造成这些差别的，往往是一些细节上的功夫。因此，可以说，细节决定做事的质量，决定事情的成败，决定了一个人或一家企业的发展高度。

娃哈哈的创始人宗庆后，一个42岁才开始创业的杭州人，在短短20年时间里，将一个仅有三名员工的校办企业打造成了中国饮料行业的巨无霸，创造了令人惊叹的商业奇迹。在一次电视采访中，主持人突然拿出一瓶普通的娃哈哈矿泉水，问了他三个非常刁钻的问题：矿泉水的瓶口有几圈螺纹、矿泉水的瓶身有几道螺纹，瓶盖上有多少个齿。面对主持人的刁难，宗庆后不假思索地给出了所有正确答案，即矿泉水的瓶口有四圈螺纹、矿泉水的瓶身有八道螺纹，瓶盖上有十八个齿。听到宗庆后的回答，主持人和现场观众都被惊得目瞪口呆。一个管理着几十家公司和几万人团队的企业家，每天需要处理的工作、需要决断的大事不计其数，却能对他的矿泉水瓶盖上有多少个齿都了如指掌。他为什么能够一步一步带领娃哈哈走向成功，我们从中可以窥见一斑。

中国著名企业海尔集团从一家资不抵债、濒临倒闭的集体小厂，历经磨难与变革，发展成为如今引领物联网时代生态型企业的故事可谓家喻户晓，2021 年 9 月，海尔连续 20 年稳居中国品牌价值 100 强榜首，成绩令人赞叹。在海尔的管理理念中，注重细节是非常重要的一个方面。海尔集团董事长张瑞敏说，把每一件简单的事做好就是不简单，把每一件平凡的事做好就是不平凡。海尔的管理制度极其严格，事无巨细。如：工厂规定，员工在厂区要靠右侧行走；员工在餐厅用餐后要自觉倒掉餐盘里剩余的食物；每位员工在离开座位时必须将椅子推回原位等，如果有员工违反了制度规定，将会受到相应的处罚。企业中的每件物品都明确了具体的责任人，保证物物有人管，就连材料库的 1964 块玻璃，每块玻璃也有专人负责。在质量管理上，海尔将冰箱制造 156 个工序的 545 项责任都进行了价值量化，且从第一道工序开始即规定不准出二等品。

企业之所以能够历经风雨而日渐强大，其秘诀之一就在于“注重细节”。俗话说，“天下难事，必作于易；天下大事，必作于细。”凡事只有从点滴做起，注重每一个细节，规范细致，精益求精，追求完美，才有可能取得成功。细节决定成败。

知识小集市

关于细节的名人名言

大行不顾细谨，大礼不辞小让。——《史记·项羽本纪》

铁钉缺，马蹄裂；马蹄裂，战马蹶；战马蹶，骑士跌；骑士跌，军团削；军团削，战士折；战士折，帝国灭。——《帝国亡于铁钉》

思想小引擎

你在日常生活中是一个注重细节的人吗？读完文章，你有什么感受？今后你打算怎样做？

文化小支架

天下难事，必作于易；天下大事，必作于细。

（选自《道德经·第六十三章》）

释义：天下的难事，总是从容易的部分开始解决；天下的大事，总是从细微的地方开始做起。

悦读五

勤于思考 善于总结

悦读提示

巨晓林刚进入中铁电气化集团第一工程有限公司时，只是一位普通的工人，但他凭借自己的不懈努力，成长为一名技艺超群的大国工匠，带领其他工人技术攻关、改革创新，硕果累累。朗读文章并思考：巨晓林为什么能够在众多工人中脱颖而出？

悦读文章

当你在学习中碰到不懂的问题、在生活中遇到恼人的麻烦、在工作中面临棘手的问题时，你会怎样做？是烦闷、退缩、逃避、放弃，还是思考、应对、实践、总结，进而获得成功？相信每个积极面对生活的人都会选择后者。人生在世，难免会碰到挫折和困难，也总会邂逅机遇和挑战，只有那些善于思考和总结的人，才更容易摆脱困境、把握机遇，成就非凡的人生。思考和总结能帮助人们更好地认识和完善自己、从多个角度看待事物、全面地考虑问题、找到解决问题的方法并厘清方向。

巨晓林是中铁电气化集团第一工程有限公司的技术员。1962 年出生的他高中文化学历，算得上是同龄人中的“知识分子”。1987 年 3 月，巨晓林进入中铁电气化集团一公司，成为一名工人。从入职开始，他就养成了一边工作，一边学习、思考、总结的好习惯。做了 30 多年的铁路接触网施工工作，他写下了近 300 万字的笔记，他编写的《接触网施工经验和方法》成为铁路施工一线的“宝典”。

铁路电气化施工技术含量非常高，集铁路电力、变电、接触网、通信、信号等多种专业技术于一体。铁路接触网更是一个技术密集型工种。刚开始工作时，面对着一张张施工图纸和一堆堆叫不出名字的接触网零部件，巨晓林备感压力，一头雾水，无从下手。但是，面对困难，他没有退缩，而是选择了学习、思考、总结和不断提升自己。他白天围着师父学，晚上追着师父问，宿舍熄灯以后，打着手电筒把白天学习到的技术要领都总结到本子上。工友很纳闷，问他：“你一个工人，学那玩意儿干啥?”巨晓林说：“咱农民子弟找份工作不容易，要干，就干好，努力学习技术，才能成为懂行的人。”巨晓林不仅跟着师父学，为了掌握施工技术，而且自己买了 30 多本专业书，抓住一切时间学习提升。

有付出就会有收获。1989 年夏天，巨晓林和工友们在北同蒲铁路工地进行接触网架线作业。巨晓林发现每个悬挂点都要人肩扛电线爬上爬下，十分辛苦。有没有什么更好的办法节省人力和时间呢？巨晓林苦思冥想并尝试各种可能的办法。最后，他尝试用一个铁丝套挂住滑轮使用，一下子节省了很多力气。这个架线方法立即得到推广使用，工作效率一下子提高了两倍。

从此以后，巨晓林的工作服口袋里多了一个小本子，用来随时记录施工中遇到的各种问题。只要有点空闲时间，他就会去思考如何解决那些问题，总结解决问题的方法。为了把自己总结的经验传授给新工友，便于人工理解工作中涉及的相关技术，巨晓林萌生了编写一部工具书的想法。虽然他只有高中文化，编书对于他来说是一件非常不容易的事，但他还是克服重重困难，用三年时间编撰完成了《接触网施工经验和方法》，该书被中铁电气化集团作为实用型工具书配发给每位接触网工人使用。

功夫不负有心人。经过多年的学习和锻炼，巨晓林熟练掌握了机械制图、工程测量、接触网软横跨的计算等施工中的复杂问题，成为全国铁路电气化施工行业出类拔萃的能工巧匠。2010 年 5 月，他被作为高技能人才选调到京沪高铁参加施工技术攻关，公司聘任他为“工人导师”。在担任全国总工会兼职副主席后，他带领手下工人开展技术攻关与革新，累计技术创新成果达 346 项，80 多项成果获得省部级以上大奖，30 多项成果被推广应用，产生直接或间接经济效益达 2000 多万元。

从一位平凡的工人成长为技艺超群的大国工匠，巨晓林成功的原因有很多，好学、勤奋、刻苦、钻研、坚持、创新等是他身上不可或缺的品质，勤于思考、善于总结是他工作中一直具备的良好习惯。没有这些良好的习惯，就不会有那几百万字的笔记、工作服里的记录本、历经三年编写而成的铁路施工一线“宝典”和众多技术创新成果，就不会有他今天卓越的成就。

勤于思考、善于总结对每个人来说都非常重要。只有那些善于思考和总结的人，才能发现别人发现不了的问题，找出别人找不到的解决办法，突破创新，取得意想不到的成绩。勤于思考、善于总结是成功者必备的习惯。

知识小集市

电气化铁路，亦称电化铁路，指的是能供电力火车运行的铁路。电气化铁路的牵引动力是电力机车，但机车自身不带能源，所需要的能源由电力牵引供电系统提供。牵引供电系统包括牵引变电所和接触网两部分。牵引变电所设在铁路附近，将发电厂经高压输电线送来的电流送到接触网上。接触网是向电力机车直接输送电能的设备。

思想小引擎

巨晓林的哪些事迹给你留下了深刻的印象？他为什么能够从一名工人成长为卓越的大国工匠？

文化小支架

读书切戒在慌忙，涵泳工夫兴味长。未晓不妨权放过，切身须要急思量。

（南宋陆九渊《陆象山语录》）

专题三

同学，你应具备的职业意识

众所周知，蘑菇长在阴暗的角落照不到阳光，也没有肥料，自生自灭，只有长到足够高的时候才开始被人关注。这种经历对于成长中的职场年轻人来说很平常，就像勇士出发前必须经历的一步。只有承受这种磨难，才能长成好蘑菇，被人发现。初涉职场的新人，不仅要承受着“蘑菇”阶段的历练，而且要注意不能过早地露锋芒。这就是“蘑菇”定律。

谁都知道，想做一个好“蘑菇”很难，但那又能怎样呢？如果只是一味地强调自己是“灵芝”，结果往往是“灵芝”没当成，连“蘑菇”也没资格做了。所以你想要突破“蘑菇”的境遇，使自己从“蘑菇”堆里脱颖而出，在最开始就要做好“蘑菇”该做的事，用智慧去突破“蘑菇”境遇。你要学会从工作中获得乐趣，而不仅仅是按照命令被动地工作，确立自己的人生观。根据你自己的做事原则，恰如其分地把精力投入工作中，要让企业成为一个对你来说能取得发展和进步的地方。

模块七

积极主动的工作意识

悦读导入

世界会给你厚报，既有金钱又有荣誉，只要你具备这样一种品质，那就是主动。什么是主动？

主动首先就是不用别人告诉你，你就能出色地完成工作。

次之，就是别人告诉了你一次，你就能去做。

再次之，就是这样一些人，别人告诉了他们两次，他们才会去做。这些人不会得到荣誉，报酬也很微薄。

更次之，就是有些人只有在形势所迫时才能把事情做好，他们得到的只是冷漠而不是荣誉，报酬更是微不足道了。这种人是在磨洋工。

最等而下之的就是这种人，即使有人追着他，告诉他怎么去做，并且盯着他做，他也不会把事情做好，这种人总是失业，遭到别人蔑视也是咎由自取。

悦读一

绝对忠诚

悦读提示

美国总统把一封写给加西亚的信交给罗文，而罗文接过信之后，并没有问“他在什么地方？”而是凭借自己的聪明才智，克服了各种艰难险阻，终于完成了总统交给的任务。

悦读文章

总统授命

美国与西班牙已处于战争的边缘，美国总统麦金莱急需相关情报，尤其急需与起义军首领加西亚将军取得联系。

麦金莱总统问军事情报局局长阿瑟·瓦格纳上校，到哪儿才能找到一个能够把信送给加西亚的人，上校当即回答：“在华盛顿有个名叫罗文的中尉，他一定能给你把信送到。”

于是总统下达了派罗文送信的命令。

1小时后，瓦格纳上校通知罗文下午1点到海陆军总部与他共进午餐，饭桌上就通知罗文明天中午乘一艘名为阿迪罗达克的英国轮船从纽约出发，并严肃地告知罗文，总统派他给加西亚将军送一封信，信中有总统的重要指示，加西亚具体在哪儿谁也不知道，后面的事完全靠他自己解决，罗文绝不能出一点儿差错！

上校还说："你要知道如果美国和西班牙宣战的话，你带回的情报将是整个战略部署的依据。这项使命就全权由你负责，你重任在肩。火车半夜出发，祝你好运！"临别时，上校再次叮咛道："一定要把信送给加西亚！"罗文没有任何疑问就答应了上校的要求。

从上校的语气、表情来看，罗文意识到责任重大，只要他走错一步就会满盘皆输，后果不堪设想。正所谓受命于危难之际，荣誉和生命系于一发。上校对他没有任何具体的行动指示，只要求他"把信送给加西亚"，并带回那些宝贵的情报。罗文这时满脑子只有一个念头：如何才能把信送给加西亚？

第二天中午，罗文开始了一生中最为难忘的历程。带着"一定要把信送给加西亚"的坚定信念，他凭借勇气闯过牙买加，凭借幸运避开了海上危险，凭借顽强的毅力走过人生中最难走的路，终于在预定的时间到达了目的地。他终于把信送给了加西亚。

罗文圆满地完成了自己的使命，就像麦金莱总统说的那样，罗文历经艰险，穿行古巴，完成了"把信送给加西亚"的艰巨任务，为政府带回了最宝贵的情报。

罗文完成了超出自己职责范围的任务，对他来说这是第一次。在他看来，一个军人的天职就是："不要问为什么，而是服从命令，然后去完成它。"

知识小集市

《把信送给加西亚》，作者为美国的阿尔伯特·哈伯德（1856—1915），《菲利士人》和《兄弟》杂志的编辑。罗伊科罗斯特出版公司创始人和总裁。他的主要作品有《把信送给加西亚》《一天》《现在的力量》《自己是最大的敌人》《一生的目标》《短暂的旅行》等。

《把信送给加西亚》主要讲述了在19世纪美西战争中，美方有一封具有战略意义的书信，急需送到古巴盟军将领加西亚手中，可是加西亚正在丛林作战，没人知道他在什么地方。一名挺身而出的年轻中尉——罗文，不讲任何条件，历尽艰险，徒步三周后，走过危机四伏的国家，把信交给了加西亚。故事体现了罗文正直、忠诚和自我牺牲的品质。

思想小引擎

在你的学习生活中，有很多是你没有做好准备就需要去完成的，如果是你情愿去做的，那么一定会想方设法取得成功；如果你不情愿去做，那么一定会半途而废。请你结合自己的人生经历总结一下：你的工作主动性如何？该如何提升？

文化小支架

凿开混沌得乌金，藏蓄阳和意最深。爝火燃回春浩浩，洪炉照破夜沉沉。鼎彝元赖生成力，铁石犹存死后心。但愿苍生俱饱暖，不辞辛苦出山林。

（明代于谦《咏煤炭》）

悦读二

善良与真诚

悦读提示

疫情期间，他解决了金银潭医院医护人员的出行难题，他为众多医护人员送去了热腾腾的白米饭。他被众多白衣天使称为贴心的大管家，他就是35岁的湖北顺丰快递员——汪勇。

悦读文章

除夕那天，汪勇忙完当日的快递工作，正准备回家，忽然在他的朋友圈里看到武汉金银潭医院一位护士的在线求助，但求助发出很长时间一直没人接单。因为疫情，武汉的公交车全部停运。没有了公交车，这些下夜班的护士就要走着回家，家住远处的甚至要走上4小时才能到家。

汪勇看到这条信息时他心痛了，尤其为护士们在医院已经忙碌一天了，还要因为没有公交车，再花费4小时才能到家睡个觉感到心痛，他无法阻止自己接受这条消息。他决定亲自开车去接送这些下夜班的护士们。但他深知，这个决定是绝不能告诉家人的，一旦告知，给家人带来的一定是更多的担心甚至是伤害。他不再犹豫，就在新年的第一天，他就护送了30名医护人员往返于家与医院之间。在接送的路上，当他与这些护士交流时，才发现他的能力太有限了，即使他连续工作24小时，也根本解决不了大多数医护人员下夜班回家的问题。

微信朋友圈让他思路大开，他要让自己的朋友圈快速地运转起来，将护士为了抢救病人却无法回家休息的消息广泛地传播出去。于是他以自己的声音和行动开始招募自愿接送下夜班护士的出租车志愿者。消息刚发出去，汪勇的担心就来了，因为如果这些志愿者被感染，他就是罪人啊。他思前想后，马上又加了两个条件，一是要独居者，二是要有防护用具者，他的善良、热心很快得到了响应。一支由20多辆出租车组成的志愿者队由此出现在了医院的周围，很快就解决了家住远处的医护人员的通勤问题。紧接着他又联系了摩拜、滴滴等轻骑单车，又解决了离家近的医护人员的最后一千米问题。

汪勇有自己的一张账单，他说："我一天接送一个医护人员，就可以节省 4 小时，那么我要是接送 100 个医护人员，就可以节省 400 小时。400 小时，医护人员能救多少人啊！怎么算，我都是赚的。"其实他就是一名普通的快递员，但他的无私善良感动了周围的武汉市民，他们和汪勇一样，纷纷涌入各种志愿者队伍中来。

汪勇的服务很快扩大了范围，因为他深知这些医护人员每天只吃泡面，吃不上热乎的米饭，他又开始让自己的朋友圈运转起来。他开始寻找快餐店和便利店，用他的善良与真诚动员那些老板为这些医护人员送些快餐，很快在武汉的街头，一支自愿为医护人员派送快餐的志愿者队伍又形成了，医院的医护人员有了热乎乎的饮食。

武汉的天气让医护人员脱了防护服之后冻得不行，需要穿上棉马甲身体才能受得了。汪勇得知此消息后，跑遍了各大服装商场，商家们既为汪勇的热心所感动，又为医护人员的辛苦付出所感动，他们义务赠送了 1000 件羽绒马甲，让这些工作在前线的医护人员不仅感受到身体的温暖，而且感受到了以汪勇为代表的武汉市民带来的爱心的温暖。

汪勇的行为更感动了许多医护人员，他们称他为最美快递员。这里没有金钱的味道，只有担当的光辉；这里没有辛苦的抱怨，只有更多的付出。

汪勇就是一名普通而平凡的快递人员，他没有任何资源，但他胸中有着为那些奋战在一线的医护人员做好服务的满腔热情；他没有任何职务，却有着社会最需要的勇敢与担当。他和他的志愿者们将人间的温暖聚拢，守护了冬日里逆行的医护英雄们。在致敬逆行者的同时，让我们也向汪勇这位普通的快递员致敬！

知识小集市

新型冠状病毒，2020 年 1 月 12 日世界卫生组织暂命名为 2019-nCoV。感染病毒的人会出现程度不同的症状，有的只是发烧或轻微咳嗽，有的会发展为肺炎，有的则更为严重甚至死亡。新型冠状病毒主要的传播途径还是呼吸道飞沫传播和接触传播，气溶胶和粪—口等传播途径尚待进一步明确。直接传播是指患者喷嚏、咳嗽、说话的飞沫，呼出的气体近距离直接吸入导致的感染。气溶胶传播是指飞沫混合在空气中，形成气溶胶，吸入后导致感染。接触传播是指飞沫沉积在物品表面，接触污染手后，再接触口腔、鼻腔、眼睛等黏膜，导致感染。

思想小引擎

汪勇就是一名普通的快递员，但他的不普通是因为他有着一颗善良勇敢的心，是因为他有激情。你现在也是一名普通职业学校的学生，你觉得你的不普通应该体现在哪些方面？

文化小支架

我家洗砚池边树，朵朵花开淡墨痕。不要人夸好颜色，只留清气满乾坤。

（元代王冕《墨梅》）

悦读三

勇往直前的勇气

悦读提示

李小龙，原名李振藩，是世界武道变革先驱者、武术技击家、武术哲学家、武术宗师、功夫电影的开创者、截拳道创始人、中国功夫全球推广者、好莱坞华人演员。

悦读文章

李小龙原名李振藩，1940 年出生于美国加州旧金山，祖籍中国广东顺德均安镇，他的童年和少年是在香港度过的。幼时的李小龙身体瘦弱，父亲为了让他体魄强壮起来，在他 7 岁时便开始教其练习太极拳。到了 13 岁，李小龙开始跟随叶问系统地学习起了咏春拳。为了刻苦训练，李小龙还在家中设了一座木桩，每天对着木桩勤练不辍。从此一发不可收拾，他对当时各种拳产生了强烈的学习兴趣。他练过洪拳、白鹤拳、少林拳、戳脚等，为后来自创截拳道打下了坚实的基础。

为提高自己的技击水平，李小龙除了勤习中国拳术外，还开始研究西洋拳的拳法。他参加了西洋拳训练班，且节省零用钱购买世界拳王路易斯的拳击赛纪录片，以进一步学习拳王的步法、身法、拳法和训练方法；他还经常参加校内外的拳击比赛，不断丰富自己的实战经验。18 岁那年，李小龙不顾家人的反对，继续深造自创截拳道。

李小龙在西雅图的生活可谓相当艰苦，但这些苦没能影响他练拳的积极性。进入大学就读后，他除了学习，把精力都放在了研习武术上。他在学校里还组织了一支“中国功夫队”，经常在校园里进行训练和表演，博得了师生们的一致好评。1964 年，年仅 24 岁的李小龙在美国加利福尼亚州举行的全美空手道比赛中，横扫所有选手摘得了桂冠。

从此李小龙更加潜修苦练，功夫逐渐娴熟乃至达到了更高的境界。“李三脚”“寸拳”和“勾漏手”成了他的绝招。他还是个多面手，除了精通各种拳术外，还擅长长棍、短棍和二节棍等各种器械，并研习气功和硬功。

李小龙常常从实战出发，以中国武术为基础，吸收了西洋拳、空手道、跆拳道、泰国拳等技击术的优点和特长，总结多年的经验自创了一种拳术，那就是截拳道。为了宣扬中华武术，李小龙在大学二年级期间，租了校园一个停车场的一角，挂起了“振藩国术馆”的牌子。他边教边练，刻苦磨炼，技术大有长进，尤以腿功造诣更为精深。

凭借他的功夫和勇气，李小龙在佛罗里达州唐人街，曾赤手空拳制服 4 个持刀歹徒，勇救华人少女。消息在报纸上刊登后，李小龙的名字便传遍了美国，佛罗里达州等州电视台也请他表演。此后，中国功夫引起人们的重视。而他创办的振藩国术馆也逐渐兴旺起来了。

为了扩大影响，李小龙经常到各处参加武术比赛，并在西雅图、奥克兰、洛杉矶等地开设武术分馆收徒。国术馆的规模和设备也在不断地完善，世界上许多显赫的武打明星都争着拜他为师，好莱坞的著名电影明星都成了他的门徒。世界拳王阿里也曾登门拜访。美国国内各流派的拳师经常聚集在李小龙的武馆切磋武艺，他的“以武会友”的宗旨收到了预期的效果。

20 世纪 70 年代初，中国功夫影片席卷整个世界。李小龙这个响亮的名字震撼全球。1971 年夏季，李小龙拍成一部以中国武术为题材的《唐山大兄》，在香港票房高达 300 万港元。之后，李小龙又拍摄了《精武门》，李小龙在片中体现的大无畏精神和惊人的打斗技巧，尤其是他的“李三脚”和“地躺拳”，令人赞不绝口。此后，李小龙又自编、自导、自演了影片《猛龙过江》和《死亡游戏》，还在与美国华纳电影公司联合拍摄的《龙争虎斗》中担任主角。他那种一往无前的勇气折服了很多人。

然而，1973 年 7 月 20 日，正当李小龙雄心勃勃，准备继续拍完《死亡游戏》以大展宏图时，突然在香港逝世，才 33 岁。

李小龙由于在武术和电影等方面的卓越贡献，1972 年和 1973 年两度被国际权威武术杂志《黑带》评为世界七大武术家之一。美国报刊把他誉为“功夫之王”，日本人称他为“武之圣者”。香港报纸文章赞誉他为“当代中国武术及电影史上的奇才”。在美国、日本、英国等国家人们都称他为“发扬中国武术最有成效的人”。而他那股勇往直前的勇气，那种热爱中华民族、振奋中华民的族精神，那颗渴望中华民族强盛的赤诚之心将永远被人们怀念。

知识小集市

中国功夫：主要分为内外两家。传统上分，内家是以武当为主要派种，其中以太极、形意、八卦三门为内家的代表。内家拳法动作含蓄，讲究以柔克刚、以静制动，同时注重内外修炼。外家又分南、北两大流派。

思想小引擎

勇往直前是一种精神，它可以冲垮一切困难，请你根据李小龙的表现，谈谈你的表现和不足。

文化小支架

慧者心辩而不繁说，多力而不伐功，此以名誉扬天下。言无务为多而务为智，无务为文而务为察。故彼智无察，在身而情，反其路者也。

（《墨子·修身》）

释义：具有大智慧的人，内心清楚却不多说，努力做事却不自夸，从此就可以名扬天下。说话不图繁多而讲究富有智慧，不图文采而讲究清楚明白。没有智慧就不能明察，再加上自身的懈怠，想成功却只会背道而驰。

悦读四

追求更高的目标

悦读提示

台湾富豪王永庆出身贫寒，但凭借自己的努力，从经营一家米店开始，精益求精，逐步走向成功，最终成为"经营之神"。他的奋斗历程告诉我们：人，只要保持一颗积极进取的心，不懈努力，终将走向成功。

悦读文章

你是一个有进取心的人吗？何为进取心？进取心指的是主动去做应该做的事情。一个人想要成功，首先需要具有一颗进取心。进取心可以激发出无穷的力量，驱使人不停地提高自己各方面的能力，为自己搭建通向成功的阶梯。进取心能促使一个人在不被吩咐的情况下，主动去做该做的事。无论他的目标是什么，他都会把自己的目标不断向前推进，永不放弃。

台湾商人王永庆小时候家里很穷，读不起书，只好出去做买卖赚钱谋生。1932 年，16 岁的王永庆用仅有的 200 元资金在嘉义开了一家米店。由于当时嘉义地方小，米店多，竞争激烈，王永庆的米店开办得晚，规模小，位置偏僻，生意冷清。没有办法，王永庆只好背着米挨家挨户去推销，一天下来，他把自己累到虚脱，却没卖出几袋米。

虽然遭遇了挫折，但是王永庆没有气馁，他不断想办法改善经营状况。他认识到自己想在市场上立足，必须具备一些别人不具备的优势，经过仔细观察和认真思考，他从提高米质和服务上找到了突破口。

由于当时台湾稻谷收割和加工的技术很落后，米里经常会掺杂沙子、小石子之类的杂物，用户做饭很不方便。为了提高米质，王永庆带着两个弟弟一点一点地将米里的秕糠、砂石之类的杂物拣出来，然后再出售，米质提高了一个档次，得到了用户的好评，生意逐渐好起来。

但王永庆并没有就此满足。他在服务上也更进了一步，推出了“送货上门”的服务。他帮顾客把米送到家里，还帮人家将米倒进米缸里。如果米缸里还有旧米，他就将旧米倒出来，将米缸擦干净，再将新米倒进去，把旧米放在上层，这样，旧米就不至于因存放过久而变质。王永庆细心的服务使很多顾客深受感动，他积累的顾客越来越多。

王永庆对自己的要求远不止这些。他经营米店格外勤奋，比别人开门早，关门晚，一天下来，多营业好几个小时。有时碰到顾客很晚来买米，他也会热情服务，不厌烦。他热情周到、勤奋务实的做法，赢得了顾客的赞许和认同，生意越来越红火。

但王永庆的脚步并没有就此停下。在积累了一定规模的资金和客户后，他自己开办了一家碾米厂，并且规模不断扩大。就这样，王永庆一步一步，从小小的米店生意开始，从经营困难到上门推销，从提高米质到送货上门，从开办米厂到做木材生意，到塑料公司，到台塑集团，最终成为“经营之神”。王永庆从不停歇，努力进取，一直追寻更高更远的目标，最终攀上了成功的顶峰。

像王永庆那样，将自己的一生都献给“追求更高目标”的人才是真正有进取心的人。无论背景如何，无论运气好坏，无论暂时处于优势或劣势，他们都会不断地努力进取。他们从不因为性别、年龄、种族、身体或精神的残疾以及可能遇到的其他困难退缩。他们的目标就是不断进取。进取心为他们提供了无穷的奋斗的力量。

这种力量使邓稼先在恶劣的环境中领导众多学者和技术人员，成功制造了中国第一枚原子弹和氢弹，使中国国防武器达到世界先进水平；这种力量使高位截瘫的张海迪奋斗不息，被誉为当代的“保尔”“最美奋斗者”；同样是这种力量，使年轻的技校毕业生王曙群练就“精、新、准、快”的绝技绝活，成为载人航天工程、探月工程总装领域的领军人物。

在现实生活中，无论你在什么行业，无论你有什么样的技能，你都应该像众多优秀人物一样，有一颗进取心。进取心最大的力量在于，它能使你从弱者奋斗为成功者！

知识小集市

王永庆(1917—2008)，中国台湾台北人，祖籍福建泉州安溪，是台湾著名的企业家、台塑集团创办人，被誉为台湾的“经营之神”。

王永庆 1954 年筹资创办台塑公司，1957 年建成投产。台塑集团凭借“坚持两权彻底分离”的管理制度，发展成为台湾企业的“王中之王”，在民间企业中首屈一指。

思想小引擎

王永庆创业的故事给了你哪些启示？他为什么能够一步步走向成功？你在今后的学习和工作中，打算如何做到积极进取？

文化小支架

大鹏一日同风起，扶摇直上九万里。假令风歇时下来，犹能簸却沧溟水。世人见我恒殊调，闻余大言皆冷笑。宣父犹能畏后生，丈夫未可轻年少。

（唐代李白《上李邕》）

悦读五

勇敢地试一试

悦读提示

克莱门提·史东是美国联合保险公司的主要股东和董事长，同时也是另外两家公司的大股东和总裁。他能白手起家创下如此巨大的事业，却是经历了无数次磨难。生活中很多事情都是如此才能成功，也许只需要你勇敢地试一试。

悦读文章

在史东很小的时候，他的父亲就去世了，只有他和母亲二人相依为命，贫寒的家境，使他们的生活非常艰难。

他的母亲为了维持生计，做了许多年的缝纫女工，稍有些富余钱，他母亲就往底特律一家小保险公司投资，因为这是一家专做健康—意外伤亡保险的公司，后来他的母亲兼任了这家公司的保险推销员。无形中，母亲也在史东的一生事业中埋下了第一颗种子。

史东很小就知道为母亲分忧。比如在课余时间，史东靠卖报纸挣钱。当报童之间出现争执时，刚强的史东从不示弱，往往都是他占上风。有时，他会到人多却能避风挡雨的小饭馆、小酒吧里卖报纸，虽然那些老板看到他就赶，但史东总是趁老板不注意偷偷地溜回去。也正是他不怕碰壁的坚强性格，使他成为日后竞争中的强者。

就在克莱门提·史东初中毕业，即将升入高中的那年夏天，母亲让闲在家里的史东试着为保险公司拉生意。去之前，母亲指点他说："当你尝试着去做一件对你只有好处而不会有坏处或损失的事时，不要有顾虑，说干就干！"史东依照母亲的指点，走到一座办公大楼前。当他不知道从何开始、不敢走进大楼时，他心里就重温母亲对他说过的话。于是他便有了勇气，毅然地走进了那扇大门。

他一间办公室一间办公室地进，不断地劝说人们到保险公司投保。他从底楼一直跑到顶楼，逢人就说，终于争取到了两位客户。他非常高兴，因为这是他第一次当推销员的成绩，已经相当鼓舞人了。

良好的开端是成功的一半。由于史东争取到了两位客户，他在保险公司的账户上已经有了几元的佣金。虽然数字很小，但它却标志着零的突破，同时也是史东人生历程的一座里程碑。

从此，史东对自己的推销能力有了自信，他相信自己，总有一天一定能成为一名出色的推销员。后来他也确实证明了自己的确具有这方面的才能。

随着经验逐渐丰富，他成功的概率日渐增大。他的兴趣更浓了，只要是假日，他就跑出去拉生意。生意越做越顺利，10 多笔生意、20 多笔生意在他的手中产生。就这样，他一天的收入已经相当可观。

正当他为已经取得的成绩而高兴的时候，校长把他叫到办公室开始奚落他，他不能忍受校长的奚落，转身跑回了家，他就这样退学了。

退学以后，史东顿觉一身轻松，他到密歇根州各地去，为母亲所在的保险公司服务。他的成绩太显著了，每天可以拉到 30 多位客户，有的时候还能拉到 40 多位，比在学校时客户量又上一层楼了。

刚满 20 岁，史东就来到芝加哥，设立了自己的保险代理公司，命名为联合保险代理公司。其实公司只有他一个人。公司一开张，就生意红火，他拉到了 50 多位客户来这投保。史东更加自信。后来，他又将业务范围进一步扩展，生意前景越来越看好，有一天他居然拉到 120 多位客户，叫人真是难以相信。然而，这就是事实。

随着公司经营范围的不断扩大，客户的增多，史东开始通过征聘的形式，招聘推销员。之后他又相继在其他州征聘推销人员，从东到西，由北到南，覆盖面越来越大。到了 20 世纪 20 年代末期，他的保险公司已有 1000 多人了。应该说，他的经营局面已基本打开，这时史东还不到 30 岁。

正当史东的保险代理公司蓬勃发展之际，全国经济开始不景气。

面对这样的现实，面对许多推销人员的悲观失望，史东没有泄气。他给下面的人鼓气。他对他们说："逆境中也是可以获得成功的，关键就在于你必须是乐观向上的，你不能失去信心和决心。推销员的悲观与乐观直接影响客户。"于是史东亲自示范，到纽约州去推销保险。虽然市场不景气，但他仍能达到 20 世纪 20 年代升平世道的水平。

经过这次波折，史东意识到了，提高推销人员的心理素质是非常重要的。他用自己那一套积极的精神态度，开展首次推销训练运动。尽管如此，还是有许多人振作不起来，1000 名推销员，后来只剩下 200 人仍坚守岗位。实际上留下来的 200 人个个都是好样的。他们训练有素，工作效率很高，到全国经济复苏之时，他们创造了远远超过 1000 人时的辉煌成绩。到 20 世纪 30 年代末期，史东已经是年轻的百万富翁了。

这时，他想成立独立的保险公司，自己当老板。机会不久便降临了，曾经兴旺一时的一家伤亡保险公司因生意萧条停业了，这家公司正在寻找买主。史东抓住这个机会，虽然当时史东资金紧张，但经过一番洽谈，买卖成交了。史东买下的这家保险公司就是后来的美国混合保险公司的前身。在他的一手经营下，公司迅速壮大起来。到 1970 年，公司的保险职工达 5000 多人。他们待遇优厚，其中有 20 多人已经跨入百万富翁的行列。精兵强将，上下同心，史东的事业处于蒸蒸日上的状态。

史东的经营之道和冒险精神使他获得了巨大的成功，他不仅拥有了可观的财富，而且更为得意的是他不惜用半生的精力去宣传自己的信念和思想。他的《以积极的精神态度获得成功》以及《永不失败的成功之道》成为当时的畅销书。

他为自己的成功之道说过："我为什么每天都有收获，每天都有新的发展？这是源于积极向上的精神态度。"

知识小集市

保险是一个汉语词语，英文是 Insurance，本义是稳妥、可靠、保障；后延伸成一种保障机制，是用来规划人生财务的一种工具，是市场经济条件下风险管理的基本手段，是金融体系和社会保障体系的重要支柱。

保险，是指投保人根据合同约定，向保险人支付保险费，保险人对于合同约定的可能发生的事故因其发生所造成的财产损失承担赔偿保险金责任，或者被保险人死亡、伤残、疾病或者达到合同约定的年龄、期限等条件时承担给付保险金责任的商业保险行为。

从经济角度看，保险是分摊意外事故损失的一种财务安排；从法律角度看，保险是一种合同行为，是一方同意补偿另一方损失的一种合同安排；从社会角度看，保险是社会经济保障制度的重要组成部分，是社会生产和社会生活"精巧的稳定器"；从风险管理角度看，保险是风险管理的一种方法。

思想小引擎

在你的成长过程中，你做了哪些凭借勇气干成的事，这对你今后的成长带来了哪些帮助？

文化小支架

人之忠也，犹鱼之有渊。鱼失水则死，人失忠则凶。故良将守之，志立而扬名。

（三国时期诸葛亮《兵要》）

释义：人有忠诚的品德，就好比鱼有了水。鱼离开水就会死，人失去忠诚的品德就很危险。所以好的将领都注意保持它，使部卒志向得以实现，名声广为传扬。

模块八

精诚合作的团队意识

悦读导入

在这个世界上，任何一个人的力量都是渺小的，只有融入团队，只有与团队一起奋斗，你才能实现个人价值的最大化，你才能成就自己的卓越。团队是为了实现一个共同的目标而集合起来的一个团体，需要的是心往一处想，劲往一处使，需要的是分工协作，优势互补，需要的是团结、友爱、关怀、帮助，需要的是风雨同舟、甘苦与共！一个人想要成功，仅凭自己的孤军奋战，单打独斗是不可能成大气候的。你必须要融入团队，要与团队和谐相处，也就是尊重别人，关心别人，帮助别人，肯定别人，赞美别人，学习别人，感恩别人。

悦读一

让团队合作发挥至极致

悦读提示

现代社会不再是个人英雄主义的时代，一个人再优秀，凭借一己之力也很难取得成功，只有借助集体的力量才能取得更大的成就。

悦读文章

第二次世界大战期间，德国柏林东南有座战俘营。为了逃脱纳粹的魔爪，250 多名战俘准备越狱。在纳粹的严密控制之下实施越狱计划，只有战俘们进行最大限度的团队合作才能确保成功。为此，他们明确地进行了分工。

越狱的行动都是经过精心设计的，所以比较复杂。首先要挖地道，而挖地道和隐藏地道则极为困难，战俘们一起设计地道，动工挖土，拆下床板木条支撑地道，处理新鲜泥土的方式更令人惊叹，他们用自制的风箱给地道通风吹干泥土。他们还制作了在坑道运土的轨道和手推车，在狭窄的坑道里铺上了照明电线。

所需的工具和材料之多令人难以置信，3000 张床板，1250 根木条，2100 个篮子，71 张长桌子，3180 把刀，60 把铁锹，213 米绳子，700 米电线，还有许多其他东西。为了搞到这些东西，他们绞尽了脑汁。此外，每个人还需要普通的衣服、纳粹通行证和身份证，以及地图、指南针、干粮等一切可以用得上的东西。

担任此项任务的战俘不断弄来各种工具，其他人则有步骤、坚持不懈地贿赂看守。

他们都有各自的分工，做裁判、做铁匠、当挖土工人、伪造证件，他们日复一日地秘密工作，甚至组织了一支掩护队，专门吸引德国哨兵的注意力。

另外，他们还要负责“安全问题”。德国人雇用了许多秘密看守混入战俘营，专门防止越狱。战俘“安全队”负责监视每个秘密看守，一旦有看守接近，就悄悄地发信号给其他战俘。

由于众人的密切协作，在一年多的时间内，他们竟然奇迹般地躲过了纳粹的严密监视，越狱成功！在这里，个人英雄主义是无法赢得胜利的。

知识小集市

第二次世界大战，亦称世界反法西斯战争，发生时间为1939—1945年，是以纳粹德国、日本帝国、意大利王国三个法西斯轴心国和匈牙利王国、罗马尼亚王国、保加利亚王国等国为一方，以反法西斯同盟和全世界反法西斯力量为另一方进行的第二次全球规模的战争。战争范围从欧洲到亚洲，从大西洋到太平洋，先后有61个国家和地区、20亿以上的人口被卷入战争，作战区域面积达2200万平方千米。据不完全统计，战争中军民共伤亡9000余万人，经济损失达5万多亿美元，是人类历史上规模最大的世界战争。战争最后以美利坚合众国、苏维埃社会主义共和国联盟、大不列颠及北爱尔兰联合王国、中国等反法西斯国家和世界人民战胜法西斯侵略者、赢得世界和平与进步而告终。

思想小引擎

你认为个人英雄主义与英雄主义有什么不同?

文化小支架

君子不患位之不尊，而患德之不崇；不耻禄之不夥，而耻智之不博。

（《后汉书·张衡列传》）

释义：君子不担心地位不够尊重，而担心自身道德不够完善；不以收入不够高为耻，而以学识不够渊博为耻。

悦读二

抱团方能战胜困难

悦读提示

一根筷子很容易折断，而十根筷子捆在一起就很难被折断了，就像下面的大雁南行和蚂蚁逃生的故事一样。

悦读文章

大雁南行

大雁南飞的画面想必大家一定看到过，它们飞行时一定保持严格而整齐的队形，即排成“人”字形或“一”字形，人们称之为“雁字”，因行列整齐，也称之为“雁阵”。这阵势让人看起来非常震撼。

每当秋冬季节，它们就从老家西伯利亚，成群结队、浩浩荡荡地飞到我国的南方过冬。第二年春天，它们经过长途旅行，又回到西伯利亚产蛋繁殖。它们的飞行速度很快，每小时能飞 68～90 千米，几千千米的漫长旅途得飞上一两个月。

但是，虽然路途遥远，但雁群的队伍组织十分严密。它们常常排成“人”字形或“一”字形，一边飞着，还一边不断地发出“嘎、嘎、嘎”的叫声。你可知道，大雁排成这种队形有什么作用？它发出的“嘎、嘎、嘎”声有什么效果呢？

“雁阵”由有经验的“头雁”带领，加速飞行时，队伍排成“人”字形，一旦减速，队伍又由“人”字形换成“一”字形，这是为了进行长途迁徙而采取的有效措施。当飞在前面的“头雁”的翅膀在空中划过时，翅膀尖上就会产生一股微弱的上升气流，排在它后面的就可以依次利用这股气流，从而节省了体力。但“头雁”因为没有这股微弱的上升气流可资利用，很容易疲劳，所以在长途迁徙的过程中，雁群需要经常地变换队形，更换“头雁”。那些幼鸟和体弱的鸟，大都穿插在队伍的中间，不让它们排在前面。当它们停歇在水边找食水草时，也总由一只有经验的老雁担任哨兵。因为落下来的孤雁，会有被敌害吃掉的危险。

另外，大雁排成整齐的“人”字形或“一”字形，也是一种集群本能的表现，因为这样有利于防御敌害。

大雁春天北去，秋天南往，从不失信。不管在何处繁殖，何处过冬，总是非常准时地南来北往。我国古代有很多诗句赞美它们，例如：“八月初一雁门开，鸿雁南飞带霜来。”“雨霁鸡栖早，风高雁阵斜。”“万里人南去，三春雁北飞。”。

蚂蚁抱团逃生

一位老农上山开荒，山上长满了茂密的杂草和荆棘，当砍到一丛荆棘时，老农发现荆条丛中有一个如箩筐大的蚂蚁窝。荆条被砍倒，蚁窝破，无数蚂蚁蜂拥而出。老农立刻将砍下的杂草和荆棘围成一圈，点燃了火。风吹火旺，蚂蚁四散逃命，但无论逃到哪方，都被火墙挡住。蚂蚁占据的空间在火焰的吞噬下越缩越小，灭顶之灾即将到来。可是，奇迹发生了。火墙中突然冒出一个黑球，先是拳头大，不断有蚂蚁贴上去，渐渐地变得如篮球般大，地上的蚂蚁已全部抱成一团，向烈火滚去。外层的蚂蚁被烧得噼里啪啦，烧焦烧爆，但缩小后的蚁球越过火墙滚下山去，躲过了全体灭亡的灾难。

知识小集市

大雁是雁属鸟类的通称，共同特点是体形较大，嘴的基部较高，长度和头部的长度几乎相等。颈部较粗短，翅膀长而尖，尾羽一般为16～18枚。体羽大多为褐色、灰色或白色。全世界共有9种，我国有7种，除了白额雁外，常见的还有鸿雁、豆雁、斑头雁和灰雁等，在民间通称为“大雁”。大雁是人们熟知的鸟类之一，在迁徙时总是几十只、数百只，甚至上千只汇集在一起，互相紧接着列队而飞，古人称之为“雁阵”。它们的行动很有规律，有时边飞边鸣，不停地发出“嘎、嘎”的叫声。迁徙大多在黄昏或夜晚进行，旅行的途中还要经常选择湖泊等较大的水域进行休息，寻觅鱼、虾和水草等食物。大雁每一次迁徙都要经过1～2个月的时间，途中历尽千辛万苦。

思想小引擎

生活中你愿意做“头雁”吗？为什么？

文化小支架

不闻不若闻之，闻之不若见之，见之不若知之，知之不若行之。学至于行而止矣。行之，明也。

（《荀子·儒效》）

释义：(对于事物及其道理)没有听说过不如听说过，听说过不如亲眼见过，亲眼见过不如详细了解，详细了解不如亲身实践。学习，到实践这一步，就到了它的极致。能把知识付诸行动，就是得到了真知。

悦读三

择其善者而用之

悦读提示

生活中，一个人的力量是有限的，必须依靠团队才能干成大事，刘邦和唐太宗的用人之道正是团队建设的典范。

悦读文章

刘邦用人

《史记·高祖本纪》记载："高祖置酒雒阳南宫。高祖曰：'列侯诸将无敢隐朕，皆言其情。吾所以有天下者何？项氏之所以失天下者何？'

"高起、王陵对曰：'陛下慢而侮人，项羽仁而爱人。然陛下使人攻城略地，所降下者因以予之，与天下同利也。项羽妒贤嫉能，有功者害之，贤者疑之，战胜而不予人功，得地而不予人利，此所以失天下也。'

"高祖曰：'公知其一，未知其二。夫运筹帷帐之中，决胜千里之外，吾不如子房。镇国家，抚百姓，给馈饷，不绝粮道，吾不如萧何。连百万之军，战必胜，攻必取，吾不如韩信。此三者，皆人杰也，吾能用之，此吾所以取天下也。项羽有一范增而不能用，此其所以为我擒也。'"

这是历史上一段经典对话。尤其是刘邦的总结深入到位。他认为自己取得天下的主要原因是自己能恰当使用当时的三位杰出的人物。如果说能出主意，刘邦不如张良；如果说能打仗，刘邦不如韩信；如果说管理国家，刘邦不如萧何。而这三个比刘邦强的人能为刘邦工作。项羽显然不如刘邦，明明身边有一个善于谋略的范增，项羽却不能恰当地使用，所以项羽丢掉了天下。

正是刘邦善于寻找在某个方面比自己强的人，把他们安排到自己的队伍中去做事，才使得刘邦走上西汉皇帝的位置，最终成为历史上有名的汉高祖。

唐太宗用人

在一次宴会上，唐太宗对王珪说："你善于鉴别人才，尤其善于评论。你不妨从房玄龄等人开始，都一一做些评论，评一下他们的优缺点，同时和他们互相比较一下，你在哪些方面比他们优秀？"

王珪回答说："孜孜不倦地办公，一心为国操劳，凡所知道的事没有不尽心尽力去做，在这方面我比不上房玄龄。常常留心于向皇上直言建议，认为皇上能力德行比不上尧、舜，很丢面子，这方面我比不上魏征。文武全才，既可以在外带兵打仗做将军，又可以进入朝廷担任宰相搞管理，在这方面，我比不上李靖。向皇上报告国家公务，详细明了，宣布皇上的命令或者转达下属官员的汇报，能坚持做到公平公正，在这方面我不如温彦博。处理繁重的事务，解决难题，办事井井有条，这方面我也比不上戴胄。至于批评贪官污吏，表扬清正廉洁，疾恶好善，这方面比起其他几位能人来说，我也有一技之长。”唐太宗非常赞同他的话，而大臣们也认为王珪完全道出了他们的心声，都说这些评论是正确的。

从刘邦用人和唐太宗用人，我们可以看出每个人都各有所长。但更重要的是能把这些人依其专长运用到合适的职位，使其能够发挥自己的所长，进而让整个国家繁荣昌盛。一些不合适的人，那就别指望他们把事情做好。让合适的人做合适的事，人尽其才，不仅能有效发挥人才的价值，而且能有效提高员工的工作能力，这对企业和员工都是件十分有益的事。

因为团队管理者用人的根本原则是“扬长避短，唯才是用”，人都有其短，也都有其长，要挑一个有长无短的人，是根本不可能的。这就要求管理者做到用人之长，避人之短。

总之，管理者的任务在于知人善任，为企业提供一个平衡、合适的工作组织。未来企业的发展是不可能只依靠一种固定组织的形态而达到的，必须视企业经营管理的需要而有不同的团队。所以，每个管理者必须学会如何组织团队，如何掌握及管理团队。企业组织领导应以每个员工的专长为思考点，安排适当的位置，并依照员工的优缺点，做机动性调整，让团队发挥最大的效能。

知识小集市

刘邦(公元前256—前195)，沛县丰邑中阳里人，汉朝开国皇帝，汉民族和汉文化的伟大开拓者之一、中国历史上杰出的政治家、卓越的战略家和指挥家，对汉族的发展，以及中国的统一有突出贡献。

李世民(598—649)，唐太宗，祖籍陇西成纪，是唐高祖李渊和窦皇后的次子，唐代第二位皇帝，杰出的政治家、战略家、军事家、诗人。

思想小引擎

看了王珪的说法，你能说出你周围同学的优点吗？

文化小支架

仲弓曰："焉知贤才而举之？"子曰："举尔所知。尔所不知，人其舍诸？"便见仲弓与圣人用心之大小。推此义，则一心可以丧邦，一心可以兴邦，只在公私之间尔。

（北宋程颢、程颐《二程集·河南程氏遗书·卷第十一》）

释义：《二程集》是北宋思想家程颢、程颐兄弟一生传道讲学言论的结集，二人同为北宋理学的奠基者，故世称"二程"。

上面这段话是二程对《论语·子路》的解释。说的是鲁国的仲弓做了季氏的家臣，向孔子请教怎样管理政事。孔子告诉他："先责成手下负责具体事务的官吏，让他们各负其责，宽恕他们的小过错，选拔贤才来任职。"仲弓又问："怎么发现并选拔贤才呢？"孔子说："选拔你所知道的，至于你不知道的贤才，别人难道还会埋没他们吗？"对此，"二程"做了如下评语：当政者是否具有公心，关心国家兴亡。有了公心可以使国家兴盛，没有公心，一切从私心出发会使国家灭亡。

悦读四

把一滴水融入大海

悦读提示

当今社会，每个人的生存和成功都离不开团队。一个人的力量也许有限，而团队的力量是无穷的。正如一群蚂蚁能够将一条大蟒蛇制服并变成口中的食物，由单个个体组成的人类团队，能像大海一样掀起滔天巨浪，无所不能。

悦读文章

在当今社会，无论你处于何种环境，从事何种工作，你都无法脱离别人帮助而独自一人去做完所有的事情。因此，在你的职业生涯中，你经常会听到这样一个词——团队。随着各种竞争日趋激烈，团队的力量已经越来越为人们所重视，因为这是一个团队的时代。

何为团队？团队是由基层和管理层人员组成的一个共同体，它合理利用每一个成员的知识和技能协调工作，解决问题，达到共同的目标。一个好的团队有明确的目标，共同的价值观和行为规范，沟通顺畅。团队成员共享资源，各自扮演特定的角色，形成互补。每个团队成员都自觉地维护团队的利益，为团队做出最大的贡献。一个团队要想取得成功，要想在处于困境时屹立不倒，需要所有成员齐心协力，互相团结。反之，如果不能把分散的力量拧成一股绳，就不能形成合力，有时甚至会因为成员各自为政而互相掣肘。

有这样一个故事：一个捕鸟人用一张大网捕到了很多鸟，当他收网时一不小心，鸟带着网飞了起来。捕鸟人很着急，跟在网的后面苦苦追赶。一个农民见此情景，说："你不要追了，鸟在天上飞，你怎么可能追得上呢?"捕鸟人说："如果是一只鸟在飞，我肯定追不上。但现在是很多鸟在一张网里，用不了多久，它们就会飞不动的。"果然，没过多久，鸟飞的速度越来越慢，最后被捕鸟人捉住了。为什么鸟飞的速度会越来越慢？因为网里的鸟没有共同的目标，不能形成合力，每只鸟都只顾自己的方向，这只向东，那只向西，最后导致的结果是相互牵制，自然也就飞不动了。

如果团队中的成员像网中的鸟一样不懂团队合作的道理，那么结果必然也和那些鸟一样，难逃被捉的命运，难逃失败的归宿。

反过来，如果团队的所有成员都能够团结一致，众志成城，即使每个成员的力量都很微小，也会取得令人惊叹的成绩。

下面这则故事将会给我们带来很大的启发：

蚂蚁的驻地遭到了蟒蛇的攻击。在卫士的保护下，蚁王来到宫殿外，只见一条巨蟒正盘踞在峭壁上，用尾巴使劲地拍打峭壁上的蚂蚁，躲闪不及的蚂蚁都丢掉了性命。

蚁王无计可施，不知如何是好。这时，军师急中生智，把在外劳作的数亿只蚂蚁全部召集起来，指挥它们爬上周围的大树，形成一个又一个的蚂蚁团，然后让蚁团从树上倾泻下来，砸在巨蟒身上。转眼之间，巨蟒已经被蚂蚁层层裹住，变成了一条"黑蟒"。它不停地摆动身子，试图逃跑，但没过一会儿，它的动作就缓慢下来了，数亿只蚂蚁在同时撕咬它，它浑身鲜血淋漓，不久因失血过多而死亡。

一条巨蟒，足够全窝蚂蚁一年的口粮了，虽然在这次战争中有两三千只蚂蚁牺牲了，但收获很大。

蚁王命令把巨蟒扛回宫殿，军师指挥着近亿只蚂蚁毫不费力地扛起了巨蟒。虽然在所有蚂蚁的努力下巨蟒被扛了起来，但是巨蟒却没有前移一点点，因为虽然有近亿只蚂蚁在用力，但它们的行动不协调：它们没有站在一条直线上，有的蚂蚁向前走，有的向后走，有的向左走，有的则向右走。结果，表面上看巨蟒的身体似乎在挪动，实际上却只是原地"摆动"而已。于是军师爬上大树，大声命令："大家记住，你们的目标是一致的，就是把巨蟒扛回家。"军师统一了所有蚂蚁的目标。

军师又找来嗓门最高的一百只蚂蚁，让它们站成一排，整齐地挥动小旗，大声呐喊，统一指挥前进的方向。这一招立刻见效，蚂蚁们很快将巨蟒拖成一条直线，然后，指挥者们让最前面的蚂蚁起步，后面的依次跟上，蚂蚁们迈着整齐的步伐前进，很快将巨蟒抬回了家。

虽然每只蚂蚁的力量都微不足道，但众多的蚂蚁组成一个强大的、有序的、合作的团队，其力量就是无限的。

相传释迦牟尼曾问弟子：“怎样才能使一滴水不干涸?”弟子们面面相觑，不知该如何回答这个问题。释迦牟尼说：“把它放到大海里吧。”其实每个人都是团队中的一滴水，只要每个人都深深地融入团队中，朝着共同的目标去努力，就可以借助大海的力量去创造奇迹，和大海一起掀起滔天巨浪，无所不能。

知识小集市

团队是指一种为了实现某一目标而由相互协作的个体所组成的正式群体。团队是由员工和管理层组成的一个共同体，它合理利用每一个成员的知识和技能协同工作，解决问题，达到共同的目标。团队建设是企业在管理中有计划、有目的地组织团队，并对其成员进行训练、总结、提高的活动。

思想小引擎

你是如何理解“团队”这个概念的？你曾经在哪些团队里学习或工作过？大家是怎样分工合作的，取得了怎样的成绩？这篇文章给了你哪些启示？

文化小支架

千人同心，则得千人之力；万人异心，则无一人之用。

（汉代刘安《淮南子·兵略训》）

释义：千人同心就能发挥千人的力量，万人异心则抵不上一个人的作用。

悦读五
靠团队智慧创造奇迹

悦读提示

中国是继美、法、俄、日之后世界上第五个掌握大深度载人深潜技术的国家。在全球载人潜水器中，“蛟龙”号属于第一梯队。目前拥有6000米以上深度载人潜水器的国家包括中国、美国、日本、法国和俄罗斯。除中国外，其他4国的作业型载人潜水器最大工作深度为日本深潜器的6527米，因此“蛟龙”号载人潜水器在西太平洋的马里亚纳海沟海试成功到达7020米海底，创造了作业类载人潜水器新的世界纪录。而创造这一世界纪录的正是“蛟龙”号载人潜水器深潜团队。

悦读文章

美国的“阿尔文”号第一次下潜深海只有1800多米，我国的“蛟龙”号载人潜水器一步定位，深度直接为7000米。

2001年1月，退休在家已经6年的徐芑南被总设计师刘峰的真诚邀请打动了，他答应担任“蛟龙”号载人潜水器一下子跨到世界第一的7000米的设计任务，这个任务可不是一般的任务，在外国人看来简直就是天方夜谭。

然而，这真不是什么天方夜谭，徐芑南带领着一支仅由几个技术骨干、几名内退职工组成的研究团队，无从获取核心技术，只能靠自己研究、自己琢磨、从零开始，完成了一幅创造自主设计、集成创新的中国潜水器深潜7000米奇迹的宏伟蓝图。

他们先研究外国潜水器图片，然后设计三维效果图，再找来一些小木块，凭借自己的想象，一点一点组合，最后再根据各设备、部件的重量、大小计算做成一个1∶1的载人潜水器的实物模型。他们用木块代替设备，用塑料管代替液压管路，最后将设备连接好。终于通过看外观、观水性、细调整，徐芑南团队凭借中国人特有的智慧，攻下了这道设计难关，设计出了类似鲨鱼外形的中国式载人潜水器模型。

紧接着就是团队的技术工人们像包饺子一样，按照图纸，从骨架、心脏到轻外壳一块一块地给潜水器穿上衣服。300多个螺丝，几十块轻外壳，各种线路，经过他们的手分毫不能差地进行组装。功夫不负苦心人，2007年9月1日，令人魂牵梦绕的载人潜水器终于组装完成。而紧接着又是104个日夜、53次水池试验，队员们始终没有放弃，2008年3月，潜水器终于完成了水池联调试验，完全具备出海试验的技术条件了。

在将“向阳红09”船改造为我国深潜试验母船时，队员们又面临着27项技术难题，但这些难题不仅没有难住他们，在改装过程中技术工人们还实现了两项技术创新，设备系统的安全性和可靠性得到极大提高。经过11个月的增改装，重铸金身的“向阳红09”船毅然屹立于黄浦江畔。

2009年8月6日，海试队奔赴南海，开始了50米深度的第一潜，虽有问题但随即解决。2009年10月3日，三位潜航员开始进行1109米深度的第二潜，1000米级海试任务圆满完成。

2010年5月31日，“蛟龙”号海试队再次奔赴南海进行3000米深度的潜水实验。这中间他们靠自己的智慧解除了潜入1800米深处、2400米深处时出现的故障。最终3000米级海试经过17次下潜，各项性能和功能指标验证成功。

2011年7月27日8时53分，“蛟龙”号载人潜水器海试队在瓢泼大雨中开始进行了5000米级海试任务，最终潜至5188米深度。2012年6月24日，这是一个令人振奋的日子，我国3名潜航员驾驶着中国“蛟龙”号载人潜水器，顺利到达马里亚纳海沟7020米深的海底，再次刷新“中国深度”。终于，在世界载人深潜的榜首上刻下了中国人的名字。这是团队的智慧和力量，更是中国的骄傲。

中国的载人潜水器具备了到达全球 99% 以上海洋深处进行作业的能力，中国的载人潜水器成为海洋科学考察的前沿与制高点之一，中国的载人潜水器标志着我国海底载人科学研究和资源勘探能力达到国际领先水平。

“蛟龙”号载人潜水器为中国培养和锻炼了一支能打硬仗的团队和第一批潜航员队伍，正是“蛟龙”号团队为我们呈现了“严谨求实、团结协作、拼搏奉献、勇攀高峰”的中国载人深潜精神，向他们学习，向他们致敬！

知识小集市

全球载人潜水器：

目前世界上只有 5 个国家拥有 4000 米级深海载人潜水器，它们分别是俄罗斯、法国、日本、中国和美国。

俄罗斯“和平”号潜水艇，下潜深度：6000 米；

法国“鹦鹉螺”号潜水器，下潜深度：6000 米；

日本“深海 6500”号潜水器，下潜深度：6527 米；

中国“奋斗者”号深潜器，下潜深度：10909 米；

美国“的里雅斯特”号深潜器，下潜深度：10916 米。

思想小引擎

你怎样理解中国的载人深潜团队精神？

文化小支架

事至而后虑者谓之后，后则事不举；患至而后虑者谓之困，困则祸不可御。

（《荀子·大略》）

释义：事情发生以后才加以考虑的，叫作落后，落后了事情就办不成；祸患来了之后才加以考虑的，叫作困厄，困厄了祸患就不足以抵挡了。

模块九

勇于担当的责任意识

悦读导入

马克思说过："在他握有意志的完全自由去行动时，他才能对他的这些行为负完全的责任。"著名出版家邹韬奋说过："自己无论怎样进步，不能使周围的人们随着进步，这个人对社会的贡献是极其有限的，绝不以'孤独''进步'为满足，必须负担责任，使大家都进步，至少使周围的人都进步。"苏联教育家列夫·苏霍姆林斯基说过："有良知的人有责任心和事业心。"俄国作家托尔斯泰也说过："一个人若是没有热情，他将一事无成，而热情的基点正是责任心。""有无责任心，将决定生活、家庭、工作、学习成功和失败。这在人与人的所有关系中也无所不及。"美国第二十八任总统威尔逊说过："责任感与机遇成正比。"

如此众多的名人看重责任意识，可见，具有良好的责任意识对每个人的成长有多么重要的作用！

悦读一

教育为民 爱生如子

悦读提示

张桂梅坚守滇西深贫山区教育事业数十年，2008 年创办了全国第一所全免费女子高中，12 年来，她帮助了 1800 多名贫困女孩圆梦大学，创造了大山里的"教育奇迹"。"一个女孩可以影响三代人，"张桂梅说，"如果能培养有文化、有责任的母亲，大山里的孩子就不会辍学，更不会成为孤儿。"这就是我们的时代楷模，一个有强烈使命担当的女校长——张桂梅。

悦读文章

1975 年年底，张桂梅初中毕业从东北牡丹江来到云南中甸林业局支边。1983 年，她被调到子弟学校当中学教师。从此，她深深地爱上了"传道授业解惑"这一神圣的教师工作。因不满足自己的学识，1988 年，她以优异的成绩考入了丽江教育学院中文系。1990

年，她与一位英俊的白族小伙子喜结良缘，开始了美满的婚姻生活。

可幸福属于张桂梅的时间非常短暂，1995 年 2 月丈夫因患上癌症离开了她。为了解脱，她离开与丈夫共同工作与生活的喜洲，来到了无亲无故、比喜洲边远偏僻的华坪，去践行自己的诺言："只要还有一口气，就要站在讲台上!"这就是她的使命。

来到华坪中学后，因为贫困山区教育的落后和不对等，"读书无用""重男轻女"的观念让许多女孩的求学之路在初中就戛然而止。"我想读书，可家里穷，要让我嫁人。"女孩无意中的一句话戳中了张桂梅的心，这让她萌生了一个想法：筹建一所免费的女子高中。2002 年开始，张桂梅四处奔走，不顾他人的误解和白眼，"像乞丐一样"筹集经费。2008 年，华坪女子高级中学终于建成。

学校建成后，张桂梅带着老师和学生们几乎拼尽了全力。作息严格控制在分秒以内。早上 5 点多起床，夜里 12 点休息，3 分钟之内从教室赶到食堂，吃饭不超过 10 分钟。有人说张桂梅过于苛刻，其实张桂梅比谁都更心疼这些孩子，张桂梅比任何人都清楚读书和考大学对于山区女孩的意义。

2011—2020 年，华坪女子高级中学连续 9 年高考综合上线率达 100%，一本上线率也从 2011 年的 4.26%上升到 2019 年的 40.67%，排名全市第一。12 年来，1800 多名女孩走出了大山，走进了大学。她，创造了大山里的"教育奇迹"。"一个女孩可以影响三代人，"张桂梅说，"如果能培养有文化、有责任的母亲，大山里的孩子就不会辍学，更不会成为孤儿。"当有人问张桂梅付出了什么时，她哽咽地说："我付出的几乎是生命，我们这里面是用命换来的。"

张桂梅坚守滇西深贫山区教育事业数十年，人们常不解地问她：这样做有什么目的，有什么好处？什么力量使她这样坚强？张桂梅总是笑着说："如果我有追求，那就是我的事业；如果我有企盼，那就是我的学生；如果我有动力，那就是党和人民。"

张桂梅没有子女，学生说："我们就是你的亲女儿，你就是我们的好妈妈。"

在张桂梅同志身上，集中体现了一名人民教师绝对忠诚的政治品格、心有大我的家国情怀、教育为民的责任担当、爱生如子的高尚师德。她是教育战线脱贫攻坚工作中的优秀教师代表，是生动践行"四有"好老师要求的杰出榜样。

知识小集市

脱贫攻坚：2015 年 11 月 27 日至 28 日，中央扶贫开发工作会议在北京召开。中共中央总书记、国家主席、中央军委主席习近平强调，消除贫困、改善民生、逐步实现共同富裕，是社会主义的本质要求，是中国共产党的重要使命。2015 年 11 月 29 日，《中共中央 国务院关于打赢脱贫攻坚战的决定》发布。2019 年 3 月 5 日，国务院总理李克强在发布的 2019 年国务院政府工作报告中提出，打好精准脱贫攻坚战。2019 年 10 月，国家脱贫攻坚普查领导小组成立。

2020年5月22日，国务院总理李克强在发布的2020年国务院政府工作报告中提出，2020年要优先稳就业保民生，坚决打赢脱贫攻坚战，努力实现全面建成小康社会目标任务。7月，国务院扶贫开发领导小组开展2020年脱贫攻坚督查工作。11月23日，贵州省宣布所有贫困县摘帽出列，至此，中国832个国家级贫困县全部脱贫摘帽。

思想小引擎

张桂梅，一位当代“四有”好老师的形象，她为贫困山区学生所做的一切均出自她强烈的教育使命感，结合你所学专业，你认为你的使命是什么？

文化小支架

辛苦遭逢起一经，干戈寥落四周星。山河破碎风飘絮，身世浮沉雨打萍。惶恐滩头说惶恐，零丁洋里叹零丁。人生自古谁无死，留取丹心照汗青。

（南宋文天祥《过零丁洋》）

悦读二

坚守主人翁意识

悦读提示

只要生而为人，就应当有责任心。因为有责任心，杭州最美司机吴斌在受重伤后强忍剧痛把车安全地停在路边，保护了一车乘客的安全；因为有责任心，英国牛津大学大礼堂的建筑师在校园里种下了一大批橡树，为350年后的修缮做好准备。朗读下面的文章，思考你对责任心内涵的解读。

悦读文章

世上没有不可或缺的人，但只要生而为人，就承担着不可推卸的责任。责任心是指个人对自己和他人、对家庭和集体、对国家和社会所负责任的认识、情感和信念，以及与之相应的遵守规则、承担责任和履行义务的自觉态度。它是一个人应该具备的基本素养，是健全人格的基础，是家庭和睦、社会安定的保障。

如果没有责任心，小学生可能连扫地、擦黑板这样的小事都做不好；没有责任心，建筑工人可能偷工减料，使万丈高楼瞬间倾覆；没有责任心，医生可能草菅人命，将手术用的剪刀和纱布留在病人体内；没有责任心，政府官员可能玩忽职守、吃拿卡要，成为社会的蛀虫。

责任心出自人的良知，它体现在日常工作和生活中的点点滴滴。学生努力学习取得好成绩，工厂使用真材实料制作出好产品，游客出行不随地丢垃圾，警察执法公平正义。这些看似普通的事情，却都印着“责任心”三个大字。当越来越多的人拥有责任心，对自己的举止行为负责，将自己的分内之事做好，整个社会就多了互信，人们的生活也将过得更加安全舒适。

2012年5月29日11时10分，杭州长途客运司机吴斌驾驶着大客车从无锡站出发，准备返回杭州。11时40分左右，车辆行驶至锡宜高速公路宜兴方向阳山路段(江苏境内)时，突然前方有一个铁块从空中飞落，击碎车辆前风挡玻璃，再砸向吴斌的腹部，导致他肝脏破裂，肋骨多处骨折，肺、肠挫伤。在这样的危急关头，吴斌强忍着剧烈的疼痛将车辆缓缓停下，拉上手刹、开启双闪灯，以一名职业驾驶员的高度敬业精神，完成一系列完整的安全停车措施。之后，他又以惊人的毅力，从驾驶室艰难地站起来告知车上旅客注意安全，然后打开车门，安全疏散旅客。当做完这些以后，耗尽了最后一丝力气的他，瘫坐在座位上。吴斌，在生死攸关之际，没有把最宝贵的第一时间留给自己拨打120，而是留给了车上的24名乘客。

没有强大的责任心，没有心怀乘客的良知，吴斌怎么可能不顾自己的安危，强忍剧痛，做出这一系列动作来保护乘客的安全。在危难面前，吴斌选择了善良和坚守，责任与担当。

1985年，人们经过检查发现，有着350年历史的牛津大学大礼堂出现了严重的安全问题。大礼堂的20根横梁已经风化腐朽，需要立刻更换。每根横梁都是由巨大的橡木制成的，而为了保持大礼堂350年来的历史风貌，只能用橡木更换。

在20世纪80年代，要找到20棵巨大的橡树已经不容易，或者有可能找到，但每根橡木也许将花费至少25万美元。

这令牛津大学一筹莫展。这时，校园园艺所传来报告，350年前，大礼堂的建筑师早已考虑到后人会面临的困境，当年就请园艺工人在学校的土地上种植了一大批橡树，如今，每棵橡树的尺寸都已远远超过了横梁的需要。

一位建筑师350年前就拥有的责任心和远见使维修大教堂的难题迎刃而解，建筑师的墓园或许早已荒芜，但建筑师的责任意识万古长青。

在职场中也有这样的人，每天浑浑噩噩，工作敷衍了事，碰到对自己有好处、有利益的事情挤破头抢在前面；对于没油水可捞、劳神费力的工作能躲就躲，能推就推，毫无责任心可言。这样的人即使有再大的本领，也不可能做出好的成绩来，只会遭人唾弃。而有责任心的人则不一样，即使开始能力差一点，但因为一心一意只想把事情做好，那么自然就会想尽办法学习和提升，最后使自己的能力达到很高的水平。

因此，不论你是在校的学生、工厂的工人、银行的职员，还是政府的官员，都应有责任心。有了责任心，才会勤奋地工作，一步一个脚印、踏踏实实地做好每件事；有了责任心，才会自觉自愿，无论是否有人监督都主动承担责任；有了责任心，才会保质保量、不折不扣地圆满完成任务；有了责任心，才能凡事尽心尽力而为，顾全大局，以主人翁的身份和态度积极投身到工作中，成就非凡的自己。

知识小集市

牛津大学(University of Oxford)，位于英国牛津，是世界著名的公立研究型大学，采用书院联邦制。牛津大学与剑桥大学并称“牛剑”，并且与剑桥大学、伦敦大学学院、帝国理工学院、伦敦政治经济学院同属“G5超级精英大学”。

牛津大学是英语世界中最古老的大学，也是世界上现存第二古老的高等教育机构。该校涌现了一批引领时代的科学巨匠，培养了大量开创纪元的艺术大师、国家元首，其中包括27位英国首相及数十位世界各国元首、政商界名人。牛津大学在数学、物理、医学、法学、商学等多个领域拥有崇高的学术地位及广泛的影响力，被公认为当今世界最顶尖的高等教育机构之一。

思想小引擎

你认为你是一个有责任心的人吗？依据是什么？读了吴斌的事迹，你有什么感受？你从牛津大学大礼堂的建筑师身上学到了什么？今后你打算怎样加强自己的责任心？

文化小支架

知止而后有定，定而后能静，静而后能安，安而后能虑，虑而后能得。

（《礼记·大学》）

释义：上面这句话出自《大学》首章，记录了一个思维程序运行的过程，止—定—静—安—虑—得，字字相承，步步推证，从而达到知行合一的理想境界。首先“知止而后有定”，是指知道目标所在，这样才能志向坚定。“定而后能静”，是指志向坚定才能够镇静不躁。“静而后能安”，是指镇静不躁才能够心安理得。“安而后能虑”，是指心安理得，才能够思虑周详。“虑而后能得”，是指思虑周详，才能够有所收获。

悦读三

应该做的便是责任

悦读提示

人生最苦的事，莫过于身上背负一种未了的责任；而人生最快乐的事，自然是履行完背负的责任。尽得大的责任，就得大快乐；尽得小的责任，就得小快乐。无论苦乐，责任都是不能躲避的，若是要躲，责任便永远不能解除了。

悦读文章

人生什么是最苦呢？贫吗？不是。失意吗？不是。老吗？死吗？都不是。我说人生最苦的事，莫苦于身上背着一种未了的责任。人若能知足，虽贫不苦；若能安分(不多作分外希望)，虽然失意不苦；老、死乃人生难免的事，达观的人看得很平常，也不算什么苦。独是凡人生在世间一天，便有一天应该的事。该做的事没有做完，便像是有几千斤重担子压在肩头，再苦是没有的了。为什么呢？因为受那良心责备不过，要逃躲也没处逃躲呀！

答应人办一件事没有办，欠了人的钱没有还，受了人的恩惠没有报答，得罪了人没有赔礼，这就连这个人的面也几乎不敢见他；纵然不见他的面，睡里梦里，都像有他的影子来缠着我。为什么呢？因为觉得对不住他呀！因为自己对他的责任，还没有解除呀！不独是对于一个人如此，就是对于家庭、对于社会、对于国家，乃至对于自己，都是如此。凡属我受过他好处的人，我对于他便有了责任。凡属我应该做的事，而且力量能够做得到的，我对于这件事便有了责任。凡属我自己打定主意要做一件事，便是现在的自己和将来的自己立了一种契约，便是自己对于自己加一层责任。有了这责任，那良心便时时刻刻监督在后头，一日应尽的责任没有尽，到夜里头便是过的苦痛日子；一生应尽的责任没有尽，便死也带着苦痛往坟墓里去。这种苦痛却比不得普通的贫困老死，可以达观排解得来。所以我说人生没有苦痛便罢，若有苦痛，当然没有比这个更加重的了。

翻过来看，什么是最快乐呢？自然责任完了，算是人生第一件乐事。古语说得好，“如释重负”；俗语亦说是“心上一块石头落了地”。人到这个时候，那种轻松愉快，真是不可以言语形容。责任越重大，负责的日子越久长，到责任完了时，海阔天空，心安理得，那快乐还要加几倍哩！大抵天下事从苦中得来的乐才算真乐。人生须知道有负责任的苦处，才能知道有尽责任的乐处。这种苦乐循环，便是这有活力的人间一种趣味。却是不尽责任，受良心责备，这些苦都是自己找来的。一翻过去，处处尽责任，便处处快乐；时时尽责任，便时时快乐。快乐之权，操之在己。孔子所以说，“无入而不自得”，正是这种作用。

然则为什么孟子又说，“君子有终身之忧”呢？因为越是圣贤豪杰，他负的责任越是重大；而且他常要把这种种责任来揽在身上，肩头的担子从没有放下的时节。曾子还说哩：“任重而道远”，“死而后已，不亦远乎?”那仁人志士的忧民忧国，那诸圣诸佛的悲天悯人，虽说他是一辈子感受苦痛，也都可以。但是他日日在那里尽责任，便日日在那里得苦中真乐，所以他到底还是乐，不是苦呀！

有人说：“既然这苦是从负责任而生的，我若是将责任卸却，岂不是就永远没有苦了吗?”这却不然，责任是要解除了才没有，并不是卸了就没有。人生若能永远像两三岁小孩，本来没有责任，那就本来没有苦。到了长成，责任自然压在你的肩头上，如何能躲？不过有大小的分别罢了。尽得大的责任，就得大快乐；尽得小的责任，就得小快乐。你若是要躲，倒是自投苦海，永远不能解除了。

（梁启超：《最苦与最乐》，载《时事新报·学灯》，1922-08-12）

知识小集市

梁启超(1873—1929)，字卓如，一字任甫，号任公，又号饮冰室主人、饮冰子、哀时客、中国之新民、自由斋主人。清朝光绪年间举人，中国近代思想家、政治家、教育家、史学家、文学家。戊戌变法(百日维新)领袖之一，中国近代维新派、新法家代表人物。其著作合编为《饮冰室合集》。

思想小引擎

你怎么理解“人生最苦的事，莫过于身上背负一种未了的责任；而人生最快乐的事，自然是履行完背负的责任”？目前你的身上背负着哪些责任？你打算怎样履行好自己的责任？

文化小支架

安得广厦千万间，大庇天下寒士俱欢颜，风雨不动安如山。呜呼！何时眼前突兀见此屋，吾庐独破受冻死亦足！

（唐代杜甫《茅屋为秋风所破歌》）

悦读四

用生命诠释初心和使命

悦读提示

有些人从山里走了，就不再回来，你从城里回来，却再没有离开。来的时候惴惴，怕自己不够勇敢，走的时候匆匆，留下最美的韶华。百色的大山，你是最美的朝霞，脱贫的战场，你是醒目的黄花。她就是感动中国2019年人物黄文秀。

悦读文章

黄文秀，1989年出生在广西百色市田阳县一个农民家庭，2008年考上了山西长治学院思政专业，2011年加入中国共产党。2013年，黄文秀考取了北京师范大学哲学学院硕士研究生。2016年，她放弃舒适的城市生活，回到了自己的家乡百色市工作。2018年3月，她毅然返乡，来到了当地有名的贫困村——百坭村担任第一书记。当时就有人问她，为什么要这样选择。黄文秀回答说："我是从广西的贫困山区出来的，我想回去建设家乡，把希望带给更多父老乡亲。"

百坭村确实是个深度贫困村，全村472户2068人，有195个贫困户883人，2017年还没脱贫的就有154户691人，而且有11个自然屯散落在了大山深处，有好几个离村委10千米以上的屯子，地理条件非常差，而且因学致贫和因残、因病致贫占比也高。这是黄文秀驻村一年后访了一遍又一遍后，在她的日记本上记录下来的。她的日记本写道："在我驻村满一年的那天，我的汽车仪表盘的里程数正好增加了两万五千千米，我简单地发了一个朋友圈：'我心中的长征，驻村一周年愉快。'"

虽然群众对她有各种质疑声，如"穷了那么多年，能脱贫吗？""一个女娃娃，能行吗？""你这个女娃娃还真是难缠！"黄文秀仍是不厌其烦地进行走访。通过挨家挨户的走访，她不仅学会了桂柳方言，而且帮村里引进了砂糖橘的种植技术；她不仅教这里的村民做电商，而且给每个村协调建起了垃圾池。慢慢地，在黄文秀任上，百坭村103户贫困户顺利脱贫了88户，就剩十几户了，而且村集体经济项目收入还翻了倍。黄文秀的热情已经打动了这里的百姓，村民们开始接受她了。

她曾实地考察村里的道路问题，带着村干部做方案、拿对策。她和群众一起学经验、找路子，解决了山里的杉木、砂糖橘、八角、枇杷等特色产业的发展问题。她带着全村做起了电商，打开了本地特色商品的销售渠道。2018年仅砂糖橘在电商平台就销售了2万多千克，销售额达22万余元。至此，百坭村103户贫困户贫困发生率降至2.71%。经过一年多的锻炼，黄文秀已从“扶贫新手”转变为群众最信赖的人。

虽然去北京这样的大城市见过世面，她却是一个十分简朴、不讲究吃穿的人。在百坭村担任第一书记一年多，她给大家的印象大都是生活简朴，却很乐观开朗。其实她是对自己简朴，对村里的贫困户非常大方，每当有贫困户需要她在经济上援助时，她都慷慨解囊。对村里的孤寡老人和留守儿童她也经常自掏腰包，对他们嘘寒问暖。尤其她还帮助那些考上大学的贫困生争取到了各项经济补助，让那些寒门学子获得了上大学的机会。

为了让百坭村早日脱贫，她真是舍小家为大家，父亲患重病住院动手术，她都没能时时在身边照顾，而在村里总能找到她的身影。每当进入雨季，广西百色大石山区时常遭受洪涝、塌方、山体滑坡等自然灾害侵袭。2019 年 6 月 16 日晚，电闪雷鸣、暴雨倾盆，一条从百色市通往乐业县的山路被突如其来的山洪淹没。为了早点回村部署抗洪，她顾不上刚做完肝癌手术不久的父亲，连夜赶回百坭村，然而黄文秀在驾车返回乐业的途中遭遇了山洪，不幸牺牲，年仅 30 岁。当噩耗传来，很多被她照顾过的乡亲以及兄弟姐妹，泪如雨下、泣不成声，他们说这里永远失去了一位好女儿，一位好姐妹，一位真正把他们当亲人的外乡人。

当翻开黄文秀的入党申请书时，映入眼帘的是这样的话：“一个人要活得有意义，生存得有价值，就不能光为自己而活，要为他人、为国家、为民族、为社会，用自己的力量，努力做出贡献。”这份庄严承诺，黄文秀始终践行，直至生命最后一刻。黄文秀无愧为当今的“时代楷模”“全国三八红旗手”“全国脱贫攻坚模范”。就像习近平总书记强调的那样，黄文秀同志研究生毕业后，放弃大城市的工作机会，毅然回到家乡，在脱贫攻坚第一线倾情投入、奉献自我，用美好青春诠释了共产党人的初心使命，谱写了新时代的青春之歌。广大党员干部和青年同志要以黄文秀同志为榜样，不忘初心、牢记使命，勇于担当、甘于奉献，在新时代的长征路上做出新的更大的贡献。

知识小集市

三八红旗手，是中国在三月八日妇女节颁给优秀劳动妇女的荣誉称号，主要是表彰在中国各条战线上为社会主义物质文明和精神文明建设做出显著成绩的妇女先进人物和妇女先进集体。

思想小引擎

黄文秀，一个著名高校的研究生，放弃城市优越的生活条件，毅然回乡实现自身价值，你如果是她，那么会怎么做？

文化小支架

青海长云暗雪山，孤城遥望玉门关。黄沙百战穿金甲，不破楼兰终不还。

（唐代王昌龄《从军行七首·其四》）

悦读五

敢于负重前行

悦读提示

人的一生中，其实要负载的东西很多，繁重的工作、沉重的生活，很多是我们无法躲避的，如果你害怕负重前行，你可能随时被社会淘汰，如果你敢于去负重，那么你将满载一船星辉，实现你人生的辉煌。

这里有个寓言故事，读后可能对你有所启发。

悦读文章

敢于负重前行

两艘新造的轮船准备出海，去迎接惊涛骇浪的考验。其中一艘轮船上货物装得满满的，而另一艘轮船却什么也不想装。这时它对装满货物的轮船说："老兄，你真傻啊，装那么多货物压得你难受不？你看我，多轻松多自在！"装满货物的轮船看了它一眼，不屑地说："轮船的使命就是要装货物的，你什么也不装，就不能叫船了吧，停在海湾的船和不能装货的船能叫船吗？"

这时，出海的时间到了，两艘船开始了自己的行程。起初，海上风平浪静，只见那艘空船扬扬得意地行驶在前面，一边走还一边嘲笑后面那艘船的笨重。突然，大海上狂风四起，海浪越来越高，两条船都开始接受海的考验。那艘装满货物的船，因为货物多，重心稳，没有产生更多的晃动，平稳地在风浪中行驶。而那艘空船却很快被大浪掀翻，一下子沉入海底，那得意扬扬的表情早被大海吞噬了。

读完这则寓言故事你有什么感想呢？那艘装满货物的船深知自己的使命，敢于负重前行；而那艘什么都没装的空船，不知道自己的使命是什么，不愿负重入海，结果被大海抛弃。

因此，作为社会上的职业人，勇于承担更多的责任，敢于挑战别人不敢挑战的事情，这是对你成长的考验。因此，当你肩挑重担时，不妨自豪地大声说："那是因为我挪得动，那是因为我有这个能力。"让生命负重，一定能增长你的才干，就像那艘负重的船，稳稳地在大海中前行，圆满完成任务；同样也像人的心灵，因为没有思想的心灵就像飘浮的朵朵白云。

一名刚毕业的大学生，无法忍受一个人干了两个人的活，觉得不公平，于是就产生了辞职的想法。父亲听完他的抱怨，没有说话，反而拿了两张纸过来。他首先使出全身的力气扔出去一张，结果那张纸却飘飘摇摇落在他的跟前。然后，父亲从地上捡了一块石头，用另一张纸把石头包起来，随手一扔，却扔出很远。父亲语重心长地对儿子说："孩子，你看，只有加了石头的那张纸被扔得更远，你们年轻人就像那张纸，只有多做些事，多压担子，压重担子，你才能走得更远。"

父亲的话让他感到非常振奋，他辞职的想法早已烟消云散。他回到单位，重新上阵，继续努力工作。一年后，这名大学生升职了。

生活中许多人愿意从事轻松舒适、没有压力却有着高回报的工作，然而现实往往没那么容易。没有痛苦和磨难，甚至连困难也没有，难道这样的人生就是幸运的吗？并不是。只有不怕负重，勇于负重，才能到达成功的彼岸。

知识小集市

古今中外，大凡有成就者，大多受过种种磨难。面对压力与苦难，他们却勇于负重前行。司马迁对此深有感触，他写道："盖文王拘而演《周易》；仲尼厄而做《春秋》；屈原放逐，乃赋《离骚》；左丘失明，厥有《国语》；孙子膑脚，兵法修列；不韦迁蜀，世传《吕览》；韩非囚秦，《说难》、《孤愤》；《诗》三百篇，大抵贤圣发愤之所为作也。"

思想小引擎

读完上述材料，想一想，你今后可以承担哪些任务提升自己各方面的能力。

文化小支架

曾子曰："士不可以不弘毅，任重而道远。仁以为己任，不亦重乎？死而后已，不亦远乎？"

（《论语·泰伯章》）

释义：曾子说："学士不可以不志向远大，意志坚强，因为他肩负重任，路途遥远。把实行仁道作为自己的责任，不是很重大吗？直到死去才停止，这不也是很遥远吗？"

专题四

同学，你应具备的职业道德

职业道德，就是同人们的职业活动紧密联系的符合职业特点所要求的道德准则、道德情操与道德品质的总和，它既是对本职人员在职业活动中行为的要求，同时又是职业对社会所负的道德责任与义务。

职业道德是社会上占主导地位的道德在职业生活中的具体体现，是人们在履行本职工作中所遵循的行为准则和规范的总和。

职业道德主要内容：爱岗敬业，诚实守信，办事公道，服务群众，奉献社会。

模块十

用爱岗敬业赢得信任

悦读导入

立足平凡岗位、人人争先创优，“百职如是，各举其业”，方能众志成城、集聚众力。三百六十行，倘若每个人都能立足平凡岗位，齐心敬业、履职尽责、勤勉奉献，我们就能汇聚起强大的力量，为社会主义现代化事业注入蓬勃生机与活力。正因此，敬业精神既关乎个人成长成才，又关乎国家的兴盛、民族的复兴。奋进新征程，我们应该以怎样的行动诠释敬业精神？

在我们身边就有这么一群人，他们平凡而不平庸。有些人把工作当作谋生的方式，而他们却把工作作为自己的终生事业，并且在这条道路上兢兢业业，在奉献社会中实现了自己的人生价值。让我们走近他们，探知他们的故事，感受他们的光与热。

悦读一

敢医敢言的医德

悦读提示

在2003年抗击非典的战斗中，他是抗击非典的领军人物。新冠肺炎疫情发生后，他敢医敢言，在疫情防控、重症救治、科研攻关等方面做出杰出贡献。他就是获得“共和国勋章”的钟南山，一个在“非常时期”家喻户晓的名字。

悦读文章

1936年钟南山出生于南京中央医院，因为医院坐落于南京钟山(即紫金山)的南面，他父母便按照出生地的位置给他取名为“南山”。他是呼吸内科专家，广州医科大学附属第一医院国家呼吸系统疾病临床医学研究中心主任，中国工程院院士，中国医学科学院学部委员，中国抗击非典型肺炎、新冠肺炎疫情的领军人物。他曾获改革先锋、国家科技进步一等奖、全国教书育人楷模等荣誉。

抗击“非典”，勇挑重担

2003年的春天，我国突发非典疫情。在最早发现疫情的广东省，有一种声音清晰而坚定：非典并不可怕，非典可防可治！首先迎击非典疫情的广东省呼吸疾病医学专家，在致病病原不明、没有特效药的情况下，短时间内摸索出了一套行之有效的救治办法——“三早三合理”，即“早诊断、早隔离、早治疗”和“合理使用皮质激素、合理使用呼吸机、合理治疗并发症”，把这些病人从死亡边缘上拽了回来，有力地粉碎了“怪病蔓延，无药可医”“染病必死”的谣言和由此引发的恐慌。这个团队的领军人物，就是后来闻名全国乃至国际的广州呼吸疾病研究所所长、中国工程院院士钟南山。

无硝烟的战争，惊心动魄。从收治中国第一例非典型肺炎病人开始，其时 67 岁的钟南山就以非凡的勇气站在战斗的第一线：病人送来时，他亲自检查，制订治疗方案；检查病人口腔，头凑到和病人距离不到 20 厘米处；提议把各医院不幸感染倒下的医护人员和最危重的病人送到呼吸疾病研究所来……

别人赞他将自身安危置之度外，钟南山付之一哂：“我们就是搞这个的，不干谁干？”

钟南山不仅医术精湛、医德高尚，而且尊重科学、实事求是，敢医敢言的道德风骨和学术勇气更令人景仰。他勇敢地否定了卫生部所属国家疾病预防控制中心关于“典型衣原体是非典型肺炎病因”的观点，为广东卫生行政部门及时制定救治方案提供了决策论据，使广东成为全球非典病人治愈率最高、死亡率最低的地区之一。他最早制定出《非典型肺炎临床诊断标准》。他带领课题组，在全世界率先探索出了一套富有明显疗效的防治经验。这套经验被世界卫生组织的专家组认为对全世界抗击非典型肺炎具有极强的指导意义。

2003 年 6 月，广东省举行“抗击非典表彰先进大会”，钟南山被授予唯一的特等功。这一年，他还荣获了全国“五一”劳动奖章、白求恩奖章，并被评为感动中国 2003 年度人物。

抗击“新冠”，再次出征

2020 年，面对突如其来的新冠肺炎疫情，84 岁的钟南山以实际行动诠释“人民至上、生命至上”理念，提出的防控策略和救治措施挽救了无数生命。

他临危受命，亲临湖北武汉抗击新冠肺炎疫情最前线，担任专家组组长，指导医治及防护工作。作为国内外呼吸病防控治疗领域的翘楚，钟南山不仅在病理学、流行病学等知识领域学识渊博，贯通中西，而且连如何洗手、戴口罩等生活细节也要亲自示范、普及。尤其是当他看到疫情防控难度增加时，他眼含泪花，看到他苦口婆心劝导人们一定要尊重医学、尊重知识、加强自我隔离时，人们对这个 80 多岁的耄耋老人油然而生一种深深的敬意；当看到他四处奔波，在高铁上劳累到靠着座位靠背熟睡时，很多网友心疼地直呼要他保重身体。正是这样一个可爱、可敬，对事业兢兢业业、一丝不苟的老人和无数个奋战在疫情防控一线的医护工作者，构成了保护人民身体健康的“脊梁”。

“由于武汉患者多，中央立刻组织了全国 42000 多名医务人员来支援武汉，而且在非常短的时间内建起了火神山、雷神山医院。援鄂医务人员们，个个以能够参加抗疫为荣”，钟南山说，“把人的生命和健康放在第一位，我们做到了。”

84 岁逆行抗“疫”一线，给全国人民吃下“定心丸”。“让我去武汉，是国家对我的信任!”“当国家需要我，我责无旁贷。”这是多么铿锵有力的话语。

2020 年 8 月 11 日，当习近平签署主席令，授予他“共和国勋章”时，钟南山院士说：“我只是一个普通的医疗工作者，能够得到‘共和国勋章’，很激动。但我更多考虑的还是‘责任’两个字……我们要加倍努力，建好呼吸疾病和突发公共卫生事件的防控平台，为进一步战胜新冠肺炎和防控新的突发公共卫生事件贡献我们的力量。”

知识小集市

火神山、雷神山医院：2020 年年初，新冠肺炎疫情肆虐，武汉率先封城。仿照非典时期“小汤山”的医院模式，火神山、雷神山两所应急专科医院拔地而起。1 月 24 日上百台挖机驶向武汉蔡甸，开始土地平整；2 月 2 日，总建筑面积 6 万平方米，新建隔离区 3.4 万平方米，病床 1000 张的火神山医院顺利完工并交付使用；2 月 5 日，总建筑面积 7.97 万平方米，病床共 1500 张的雷神山医院宣布竣工。十天时间，从设计到交工，“两山”医院建设展现了令人叹服的“中国速度”。令人震撼的奇迹与神速背后，凝结着“人民高于一切、生命重于泰山”的坚定信念，彰显了万众一心、共克时艰的中国力量。

思想小引擎

钟南山曾说：“始终不安于现状，这好像是我生命的主轴……假如每个人都能这样，这个社会就会进步很快，国家也会进步很快。”结合你的学习生活实际，谈谈自己的想法。

文化小支架

老骥伏枥，志在千里。

（三国魏曹操《龟虽寿》）

释文：骥：良马，千里马；枥：马槽，养马的地方。比喻有志向的人虽然年老，仍有雄心壮志。

悦读二

从容应对万米高空的险情

悦读提示

碧海蓝天酬壮志，保家卫国系心间。在万米高空面对挡风玻璃脱落、座舱失压的紧急状况，他带领机组成员临危不乱、果断处置，使飞机安全迫降，确保了机上 119 名旅客和 9 名机组人员的生命安全，创造了航空史上的奇迹。他就是电影《中国机长》的原型人物，中国民航英雄机长——刘传健。

悦读文章

1991 年，19 岁的刘传健光荣入伍，在空军航空兵服役 15 年。2006 年，他从空军第二飞行学院退役，加入四川航空股份有限公司，已安全飞行超过 13000 小时。

从成为飞行员的那一天起，刘传健就始终牢记确保飞行安全这一最高职责，把安全飞行规章标准落实到每一个航班飞行的全过程，先后执行过多个重要航班保障任务。他始终坚持高标准、严要求，坚持系统学习各种飞行知识，几乎把飞行之外的所有业余时间都用在了对飞行理论和飞行技术的刻苦钻研上。练就过硬的飞行技术和形成严谨的飞行作风。2017 年的暑运，他曾经在 13 天里执行了 35 个高原特殊机场的航班任务，并且都是难度较大的九寨、稻城、康定机场。

作为部队出身的资深飞行教员，刘传健的言行举止都散发着军人严谨、刚毅、沉稳的气质。他飞行品质高，安全记录保持良好，未发生过一起人为原因导致的事故。

2019 年 10 月，电影《中国机长》在各大影院热映，该电影根据川航“5 • 14”事件改编，中国机长的原型人物就是刘传健，让我们还原英雄背后的真实故事。

2018 年 5 月 14 日，凌晨 3 点 50 分。刘传健像往常一样，离开了宿舍，准备从重庆飞拉萨。由于拉萨是高原机场，对飞行员的要求条件很高，但对每年都要飞上 100 次的刘传健来说，是很平常的一项工作。经过一系列的检查和准备，6 点 26 分，刘传健和机组人员开始了飞行任务。过了 40 多分钟后，飞机进入了青藏高原上空，飞行高度达到了 9800 米。突然“嘣！”的一声从密闭的驾驶舱发了出来。此时，刘传健看到右座前风挡玻璃出现裂纹，当他伸出手去检查时发现：内层玻璃裂了！他紧急向管制台报告：“准备下降高度，备降成都。”而此时，西部战区空军作战指挥控制中心电子显示屏上也发现空客 A319 飞机航迹特殊。就当刘传健报备的话音刚落，右风挡玻璃也爆裂了。一瞬间，副机长被气压推出机舱，一半身子挂机头外面，而机长刘传健此时也突然失聪，身子像被骤然撕裂一般。万幸的是，副机长在被吹出驾驶舱 30 秒后，又被气压推了回来。这时，飞机的自动装置已经失灵，飞机以超过每小时 800 千米的速度向大地俯冲下来。驾驶舱瞬间失压，气温降到零下 40 多摄氏度，整架飞机开始剧烈抖动、发出强噪声……眼看就是一场机毁人亡的巨大灾难。

在这生死关头，机长刘传健没有慌乱，迅速恢复理智，在十几秒的时间内无一失误地完成 36 个完整动作；与机组、乘务组有序配合，34 分钟内忍受极端低温、缺氧、强风条件，全手动操纵飞机飞越高原高山地形，惊心动魄却平安着陆，最终保住了 119 名旅客与 9 名机组人员的生命。

刘传健事后回忆说，“我们当时的外部环境非常复杂，在 9800 米的高空。从专业角度讲，在当时的高度，人的有效意识只有 30～45 秒。而且当时非常的寒冷，就像在高空中用每小时 800 多千米的速度开一辆敞篷车。整个人都不受控制，像被撕裂一样。”除了这些外部状况外，更多的还是飞机本身，“我们当时的飞机可以说是失灵了，所有的东西都需要靠自己去判断。”

用民航空教中心主任助理陈林燕的话，更能说明刘传健机长的果敢与沉着：“整个过程中有 36 次犯错误的机会，但是刘机长一次都没有犯。一次都没有犯就说明什么，每一个错误都是致命的。”

此次成功降落被称为民航“史诗级壮举”，创造了国际民航客运史上在极其艰难的紧急突发情况下成功处置特情的奇迹。

瞬间的判断来自长期的积累，英雄的壮举蕴含于平凡的工作之中。“5 • 14”事件的成功处置也绝非偶然，奇迹的背后，是多年安全工作的积累，是中国民航每一个航班飞行、每一天航班运行、每一个岗位人员的艰辛积淀，是敬业奉献的职业操守这一当代中国民航精神的完美展现。

知识小集市

民航精神是中国民航在长期发展实践中形成的优良传统和精神文化的升华，即“忠诚担当的政治品格、严谨科学的专业精神、团结协作的工作作风、敬业奉献的职业操守”。

思想小引擎

“感动中国 2018 年度人物”刘传健的颁奖词：“仪表失灵你越发清醒，乘客的心悬得越高，你肩上的责任越重。在万米高空的险情中如此从容，别问这是怎么做到的，每一个传奇背后都隐藏着坚守和执着。”请谈谈你对这句话的理解。

文化小支架

图难于其易，为大于其细。天下难事必作于易，天下大事必作于细。

（老子《道德经 • 第六十三章》）

释文：解决难事要从还容易解决时去谋划，做大事要从细小处做起。天下的难事都是从容易的时候发展起来的，天下的大事都是从细小的地方一步步形成的。比喻凡做事，应当从易到难，从简到繁，踏踏实实干，才能取得成就。

悦读三

挑战不可能

悦读提示

身为一名普通工人，他敢于向世界先进技术发起挑战，勇于站在产业技术最前沿，成为钳工、数控维修工“双料”状元，被誉为“金蓝领”；作为一名技校毕业生，他通过自学和实践，攻克了一系列技术难题，完成了一百多项技术革新，成为专家型产业工人。他，就是被誉为“中国高铁工人排头兵”的中国中车首席技能操作专家、中车唐山机车车辆有限公司铝合金厂高级技师张雪松。

悦读文章

1973 年出生的张雪松，成长于铁路社区，从小就对火车有着强烈兴趣。1989 年初中毕业后，怀着铁路情结的他不顾父母反对，毅然选择上技校，成为一名唐山机车车辆厂技工学校学生。

为了练得一手好本领，张雪松抓住每一次学习和实践机会苦练技术。“有一次学校组织钳工基本功训练，为了提高动作稳定性、准确性和工件精度，我反复练习，不知道重复了多少次，双手都磨出了血泡，但我不想放弃这次机会。”张雪松回忆。

1992 年，从技校毕业后，他进入中车唐山公司，成了一名铁路钳工。刚刚参加工作的张雪松穿上蓝色铁路工服，特别开心。第一个周末，他就兴冲冲地把工服穿回了家。“没想到一进门，我妈见我这身打扮有点不高兴，问我下班了咋不换件衣服。当时正好有个亲戚来家里串门，我妈觉得我这身‘干活儿’的行头不体面。”张雪松说。事后，当时 19 岁的张雪松对母亲说：“谁说‘工’字不出头？我把‘工’字变成‘干’字，不就出头了嘛！”

张雪松先后从事过机械钳工、工具钳工、车辆钳工等岗位工作。他踏实、刻苦，在工作中敬业、专注，努力把手中的事情干到极致，能独自加工六分之一头发丝精度的工件，对多种技术难题都琢磨出了解决方案。先后在省、市各类比赛上夺得 4 个“钳工状元”。

勇攀高峰，追求卓越，挑战世界级技术难关

说起自己从一名仅有技校文凭的普通工人，成长为掌握世界尖端动车组制造技术的专家，张雪松朴实地说：“没办法，逼出来的。”“逼”他在关键时刻做出选择的，是那份沉甸甸的责任。

2004 年，中车唐山公司迎来高铁发展的新机遇。企业产品线升级，成立了铝合金分厂，专门生产高速列车铝合金车体。张雪松敢为人先，通过招聘考试成为铝合金分厂首批技术工人，在时速 350 千米动车组研制初期，担任铆钳班班长。技术准备阶段，大家都没有经验，只能边干边摸索。张雪松带领全班 16 名工友刻苦钻研技术，在磁悬浮列车和时速 270 千米列车铝合金车体生产中带头立项攻关。而制造高速动车组的第一重考验，就是提高铝合金车体焊接精度。

起初，由于没有铝合金车体焊接制造的技术经验，工友们按照原有方法进行焊接，但明显感到手中的焊枪不那么听话了，铝工件也不听使唤了，开始变形、开裂……

这项技术的攻关势在必行。“从来没干过，我们只能从一个个零部件开始，自己和自己‘死磕’。”作为铆钳班班长，张雪松带领团队成员反复摸索，经过成百上千次试验后，铆钳班共开展技术革新 109 项，制作工装卡具 66 套，形成工艺文件和操作指导书 72 册，总结出了大量科学、实用的技术参数。一个月后，首批高速动车组铝合金车体顺利试制成功。中国用 3 年时间，走完了国外 20 多年的技术路程，成为世界上仅有的几个能制造时速 350 千米高速铁路移动装备的国家之一。

“和谐号”动车组铝合金车体生产的每一道关键工序都需由大型数控设备来完成。公司引进了价值 3 亿多元的几十台尖端数控设备。可是，问题又摆在面前：由于心里没谱，厂里没人敢上前维修。如何让生产动车组的几十台进口数控设备不撂挑子，成为一个非常现实的问题。紧要关头，当时已在全省乃至全国小有名气的“钳工状元”张雪松做了一个大胆决定，由钳工“转行”搞数控机床装调维修。“我们这么大的一个厂，上万名员工，连几台数控设备都搞不定，还拿什么生产世界一流的高速动车组！”回忆起十几年前的事，张雪松记忆犹新。

为了早日达到掌握数控技术的目标，张雪松白天干工作、晚上学知识，节假日泡在图书室里查阅资料，总计写下了几万字的读书笔记和学习心得。“一开始，我对一些数控设备复杂的机械结构搞不清楚，电气图纸又看不懂，只能‘赶鸭子上架’，硬着头皮往前冲。转行可不是简简单单的一句话，我面对的是一条漫长的学习和攻坚之路。”张雪松说。

最终，面对国际最先进的数控加工设备，张雪松先后排除各类疑难故障 20 余次，解决了许多外国专家都没能解决的问题，其中 2 项工装研制项目还申报了国家专利。

2009 年，“半路出家”的张雪松获得了河北省技能大赛数控机床装调维修工第一名，成了钳工和机床维修的“双料”状元。更让张雪松和他的同事们感到自豪的是，2012 年，中车唐山公司为德国西门子公司批量提供了高速列车铝合金车体大部件，实现了从引进到出口高速动车组关键技术产品的华丽转身。

与时俱进，勇于创新，用匠心铸就高质量

2017 年，中车唐山公司提出智能制造方案，在张雪松领衔的“金蓝领”工作室努力下，机器人打磨开始替代手工打磨。车体生产的智能制造成了张雪松和团队攻关的主要课题。

“现在我们技术攻关基本上都依靠机器人，这也是今后高铁动车制造全面实现‘智能制造'的突破点。"如何运用人工智能技术加快高铁动车组智能化进程是自己和工友们目前技术攻关的重点。为了这个目标，张雪松花费大量时间学习机器人操作原理，带着工友们一起探索和推广高铁动车组的"智能制造"。

"新时期的产业工人，不能再像以前那样只是简单地付出体力劳动，而是要勇于站在新技术的前沿，敢于向世界先进技术发起挑战。"张雪松是这样说的，也是这样做的。

知识小集市

金蓝领是一个职业新概念。社会在进步，人们对职业人士的称谓也在变化，陆续出现了蓝领、白领、粉领和金领的说法。在今天，企业不只需要高学历的白领，也不只需要普通劳工的蓝领，于是金蓝领出现了：他们有着一技之长，在知识方面也有自己的专攻，又善于实际操作，是某一项技术方面的精英。在工作性质上是蓝领而又为企业所看好，拿着较高的薪水，被称为"金蓝领"。

金蓝领是一个高技能人才群体，他们有一技之长，善于实际操作，为企业所看好，工资高，受尊重。他们用实际行动诠释了什么叫学一行、干一行、爱一行、专一行、精一行。

思想小引擎

请你结合实际，谈谈如果在生活中或学习中遇到困难，那么你会怎么做？

文化小支架

尘劳迥脱事非常，紧把绳头做一场。不经一番寒彻骨，怎得梅花扑鼻香。

(唐代黄蘖《上堂开示颂》)

释文：摆脱尘念劳心并不是一件容易事，必须拉紧绳子、俯下身子在事业上卖力气。就如梅花，如果不经历冬天那刺骨严寒，怎会有扑鼻的芳香。此诗本是一首禅宗诗偈，诗人通过梅花这个喻体，象征不怕艰难，立志成就事业的精神。

悦读四

对工作从不将就

悦读提示

他爱岗敬业，工作30多年来始终奋战在电力抢修一线，累计巡线8万多千米，完成故障抢修作业近2万次，被誉为电力抢修的"活地图"。他勇于创新，先后实现技术革新400余项，20多项填补电力行业空白，是知识型、技能型、创新型劳动者的杰出代表。他就是时代楷模——张黎明。

悦读文章

张黎明是国家电网天津滨海供电公司运维检修部配电抢修一班班长、滨海黎明共产党员服务队队长。

1987年，18岁的张黎明当上了一名电路巡线工，这一干就是三十多年。电力的一线工作条件非常艰苦，越是刮风下雨、夏天最热、冬天最冷的时候，越是工作量大的时候，而且都是户外作业。

做好电力故障抢修，首先要做的就是熟悉线路。工作之初，张黎明下班后怀揣着笔记本，沿电力线路边走边记，熟悉周边环境。

简单的事情重复做，重复的事情用心做。多年下来，陪伴他熟悉线路的交通工具从老式自行车到电动自行车再到抢修汽车。他在线路巡查方面养成了一个习惯，把输电线路都经过哪些位置、周边环境有没有变化一一记下来，回头再绘制成精确的线路图，标上每个配电用户的用电性质和参数指标。这样的线路图绘制了1500多张。只要一发生事故，他就能迅速判断出哪儿出了故障、会是什么原因，这个绝活也为张黎明赢得了“活地图”的称呼。

在同事眼中，张黎明不仅是个勤于学技术、精于干专业的技术工，而且是一个办事认真敬业、值得信任的“实诚人”。

拿线路巡查来说，这是个良心活儿，如果投机取巧、半路偷懒，没人看得见瞧得出，除非将来线路发生事故。

一年冬天，有位同事因家中有急事请假，张黎明主动替他去巡查沿线77根电线杆。在寒风中，夜间巡查异常辛苦。张黎明蹬着自行车一不小心掉进水渠中，冰水将他的棉裤浸透。线路尚未巡完，怎么办？上岸后，张黎明没有打退堂鼓，忍着逐渐结冰的棉裤散发出的刺骨寒气，跨上自行车，硬是将整条线路逐段不落巡查完才回家换衣服。

有人问他为什么这么犟，可他憨憨地回上一句：“要是不巡完，我就不放心。”这种“不放心”的执着和不知变通的“傻”，正是张黎明难能可贵的“底色”。

在张黎明心里，工作永远是第一位的。“我从未关过手机，夜里听到风雨声，就马上穿戴好，把电话握在手中，为的就是能第一时间赶到抢修现场。”翻开抢修工作单，几乎每一项电网抢修任务都有“张黎明”的名字。

2012年7月26日，天津地区遭遇暴雨突袭。张黎明正在病房陪伴病危的父亲，窗外的风雨声搅动着他的心。等送饭的妻子来到医院，他马上赶到抢修班，刚进门就接到故障电话，立即出发赶往现场。那一晚，张黎明和同事们在暴雨中奔波近8小时，完成报修工作 81 件。

张黎明服务的辖区是天津市滨海新区，作为北方第一个自贸区，众多世界 500 强企业在这里落户，确保区域用电安全责任重大。他常对工友们说：“干好本职工作就是对党最大的忠诚。”

30 余年如一日扎根抢修一线，以工匠之心坚守电力工人的初心，张黎明成为电力抢修领域的行家里手。同时将其中常用的 11 个抢修小经验、8 大抢修技巧、9 个经典案例集成的《黎明急修工作案例库》成了大家的“抢修百宝书”。

“工作是快乐的，创新让工作更快乐。”张黎明常把这句话挂在嘴边勉励同事、徒弟们。

他和同事们反复试验发明的“可摘取式低压刀闸”，将线路变压器发生保险片短路烧毁故障的抢修时间，从过去约 45 分钟一下子缩短至 8 分钟。这项发明每年为国家可创造经济效益就达 300 多万元。“三防凉帽”“孪生卡”“绝缘操作杆”等一大批创新成果也在他的带领下应运而生。以他名字命名的劳模创新工作室不仅获国家专利 158 项，而且孵化出“星空”“蒲公英”等 10 个创新工作坊，培养出了更多肯钻研、爱创新的“蓝领创客”。

“对待工作要讲究，绝不能将就！”“我要将国家电网的社会责任落到实处，带领更多的队员在奉献社会中实现人生价值。”这就是在专业上追求精益求精，心中充满家国情怀的张黎明。

知识小集市

创客：该词来源于英文单词“Maker”，是指出于兴趣与爱好，努力把各种创意转变为现实的人。创客以用户创新为核心理念。创客们作为热衷于创意、设计、制造的个人设计制造群体，最有意愿、活力、热情和能力为自己，同时也为全体人类去创建一种更美好的生活。

思想小引擎

张黎明说：“对待工作要讲究，绝不能将就！”结合自己的生活和学习经历，你哪些事没有将就？

文化小支架

空谈误国，实干兴邦。

释文：这句话源于明末清初著名思想家顾炎武的《日知录》，意思是，只泛泛而谈地讨论国家大事、不联系实际解决问题，会耽误国家的发展，只有脚踏实地、真抓实干，才能使国家兴旺发达。

悦读五

坚守三十年的忠诚

悦读提示

三十忠诚风和雪，万里邮路云和月。雪山可以崩塌，真正的汉子不能倒下，雀儿山上流动的绿，生命禁区前行的旗，蜿蜒的邮路是雪山的旋律，坚强的多吉，你唱出高原上最深沉的歌。其美多吉，行走在“雪线邮路”上的幸福使者。

悦读文章

川藏邮路是全国平均海拔最高的一级干线汽车邮路。其中的康定至德格邮路，全程往返1208千米，沿途要翻越17座海拔4500米以上的大山，是川藏邮路最危险的一段，被人们称之为“雪线邮路”。中国邮政集团公司四川省甘孜县邮政分公司邮车驾驶员其美多吉就行走在这条“雪线邮路”上。

其美多吉是甘孜藏族自治州德格县龚垭乡人，1963年出生，小时候的愿望是去当兵。兵没当成，他就想开车，于是想方设法自学驾驶和修车技术，逐渐在边远的德格县城有了名气。

1989年，德格县要开通邮车，招聘驾驶员。彼时，已经小有名气的其美多吉顺利通过考核，成了翻越雀儿山的第一位邮车驾驶员，核心任务就是安全准时地把邮政包裹在甘孜和德格间完成传递。在这条“雪线邮路”上，其美多吉坚持每月不少于20次往返，行驶总里程140多万千米，相当于绕赤道35圈，他驾驶的邮车从未发生一次责任事故，圆满完成了每一次邮运任务。

“只要有邮件，邮车就得走；只要有人在，邮件就会抵达。”30多年来，其美多吉一直抱着这样的信念。

在这条路上，其美多吉需要和大山较劲、与风雪抗争、和伤痛作战，甚至屡屡面临生死考验。其美多吉的线路要途经“川藏第一险”——雀儿山垭口。垭口海拔5050米，是四川最高的公路垭口，道路曲折险峻，几乎是在绝壁上开凿的，一面是碎石悬挂，另一面是万丈深渊。对道路不熟悉或技术不过硬的司机，根本应付不了这里的路况。2017年雀儿山隧道通车前，其美多吉每月要在这条路上往返很多次。他说，“每次经过这里，都要小心翼翼地查看左右车况。”逾十吨的邮车经过这里，每一次加速、换挡、转向，都如同与死神博弈。

如果说路况的险恶已经让递送邮件的道路充满险阻，那么雪崩、山体滑坡、泥石流等自然灾害更是时刻威胁着其美多吉和同事的生命安全。2000 年 2 月，其美多吉和同事邓珠曾在山上遭遇雪崩，进退无路，两人用加水桶、铁铲等工具一点一点铲雪，不到 1000 米的距离，整整走了两天两夜。“被困在山上时，又冷又饿，寒风裹着冰雪碴子，像小刀刮在脸上，手脚冻得没有知觉，衣服冻成了冰块。”其美多吉回忆。

川藏线不仅路况复杂、气候恶劣，而且过去有车匪路霸。2012 年 7 月，其美多吉驾驶邮车返回甘孜，路边突然窜出 12 名歹徒，手里挥舞着砍刀、铁棒、电警棍，将邮车团团围住。其美多吉为保护邮车身受重伤，送往医院抢救时身中 17 刀、肋骨被打断四根、头盖骨被掀掉一块，在重症监护室住了一周才捡回一条命。出院后，左手因为肌腱断裂一直无法合拢，让其美多吉不得不暂别岗位。

虽然遭遇重创，其美多吉并没有向磨难低头。他四处求医，经受了极度痛苦的治疗过程使左手康复，一年后，不顾同事和家人的劝阻，他再次开上了魂牵梦萦的邮车。回归车队的那一天，同事为他献上哈达，他转身又把哈达系在了邮车上。

因为常年跑长途，对于家人，其美多吉也有过遗憾和愧疚。这么多年，他只在家里过了 5 个除夕。两个儿子出生时，他都在运邮途中；小儿子扎西泽翁婚礼前一天，他还在雀儿山上跑。2011 年，其美多吉在邮路上接到大儿子不幸离世的电话，突如其来的噩耗使其美多吉变得沉默寡言。有人劝他休息，但妻子深知，只有开上邮车，丈夫才能打起精神。

其美多吉驾驶技术好、路况熟，川藏线上无人不知，很多人劝他换个更轻松、更挣钱的工作，但他不仅没动过这样的念头，而且常常深感自己是个幸福的人。“能够如愿做自己热爱的工作，无论何时都能得到家人的支持，最重要的是邮运人深得老百姓的信任，邮运车的驾驶室就是我一辈子的人生舞台。”其美多吉说。

其美多吉说自己是热爱工作的普通人。这位普通人，用 32 年的努力工作，成为履职尽责的典范、保障邮件安全的“航标”。

知识小集市

雀儿山：位于川西高原甘孜州，横断山脉的北部，呈西北、东南走向。它北衔莫拉山，居沙鲁里山北段(甘孜—德格)，西方是达玛拉山，北侧是自西而东的雅砻江支流玉隆河，南侧是由北环流的金沙江支流夕河和麦宿河，是康藏交通的要塞。最高峰海拔 6168 米，该山山势挺拔，壁立于周围十座 5500 米的群峰之上。故有“爬上雀儿山，鞭子打着天”之说。这座山段常被称为“川藏第一险”。

1951 年，解放军以简陋的工具和血肉之躯，历时半年，建成了雀儿山公路，从此高峻险要的雀儿山、冰峰林立的雀儿山、拥有川藏公路第一高的雀儿山闻名于世。

思想小引擎

其美多吉说："只要有邮件，邮车就得走；只要有人在，邮件就会抵达。"结合你的学习生活实际，谈谈你对爱岗敬业精神的理解。

文化小支架

三十功名尘与土，八千里路云和月。莫等闲、白了少年头，空悲切。

（南宋岳飞《满江红》）

释文：三十多年来虽已建立了一些功名，但如同尘土微不足道，南北转战八千里，经过多少风云人生。好男儿要抓紧时间为国建功立业，不要白白将青春消耗，等年老时徒自悲切。

模块十一

坚守诚实守信的道德底线

悦读导入

诚实守信既是一种道德品质和道德信念，也是每个公民的道德责任，更是一种崇高的“人格力量”。诚信作为现代社会文明一个重要组成的同时，也是个人价值的重要体现，是个人的一种看不见摸不着，却十分重要的隐形财富。俗话说：“诚信是金，道德是银。”诚信对于我们来说很重要，任何人都要去遵守。一个人只有讲诚信，别人才会赞赏他，尊重他，亲近他，才会在有困难时帮助他。否则，人们将不会信任他。

诚实守信是中华民族传统美德的一个重要组成部分。随着时代的发展变化，诚实守信也不断被赋予其新的意义。新时代、新挑战下的诚信需要我们从小事做起。让诚实守信成为我们的习惯，共同发扬诚信精神。

悦读一

忠诚爱国，功勋卓著

悦读提示

有这样一位科学家，很多人可能不知道他的名字，但却一定听说过他在抗战时期“菜坛子护镭”的感人故事。他就是赵忠尧，物理学家，中国核物理研究和加速器建造事业的开拓者。

悦读文章

其实我国能研制出原子弹和一位老人有着千丝万缕的联系，这个人便是赵忠尧。赵忠尧是谁？前诺贝尔物理学奖委员会主任爱克斯朋说：“赵忠尧在世界物理学家心中是实实在在的诺贝尔奖得主。”一个让美国连下三道军令也要拦住的人；中国 23 位“两弹一星”元勋中，8 位是他的学生；杨振宁、李政道都曾经受业于他。

我们都知道要搞原子弹，其中一种很重要的材料就是镭。而赵忠尧“菜坛子护镭”的感人故事广为流传。

“七七事变”之后，北京大学、清华大学、南开大学的师生及家属纷纷南下至长沙避难。

长沙临时大学办事处，一个蓬头垢面、衣衫褴褛的“乞丐”，拄着一根木棍，手上提着一个破烂的咸菜坛子，说是要找清华校长梅贻琦“私密”谈话。那时候乞丐很多，工作人员以为这只是一个常见的乞丐，对他爱理不理。恰巧梅贻琦出来送客，“乞丐”喊了一声“梅校长”，梅贻琦定眼看了看“乞丐”，急忙将其请进门。

这是怎么回事呢？

原来这个“乞丐”是清华物理系教授赵忠尧，为了保护珍贵的 50 毫克镭不落入日军和伪军的手中，他把装着镭的铅筒放进咸菜坛子里，一路上昼伏夜行，把行李都扔得差不多了，就剩下这个珍贵的咸菜坛子了。

这 50 毫克镭是他在英国剑桥大学卡文迪许实验室学成归国时，卢瑟福博士赠送给中国的。当时镭是全世界禁止运送的高能物理材料，赵忠尧拼命把这 50 毫克镭带回中国，藏在清华实验室里。

“七七事变”，北平沦陷，日军强占清华园，如果这 50 毫克珍贵的“国宝”落入日军手中，后果不堪设想。赵忠尧和好友梁思成一起，偷偷去清华把这 50 毫克镭带出来，然后由赵忠尧一人护送，因为它关乎着国家及民族未来科学事业的发展。

美国前国务卿基辛格说：“每当中国有难，中国总是被他们最勇敢的人保护得很好。”这句话说的就是赵忠尧、梁思成这样的人。

在那个兵荒马乱、国破家亡的年代，除了赵忠尧感人的“菜坛子护镭”事迹外；还有陈寅恪逃出北平时，不带任何金银钱财，却带了满满一车的书籍、手稿，再苦再累也不抛弃自己的研究成果；再苦再累，梁思成也把关于中国建筑史的研究成果带在身边。这些研究成果最后成了中国未来发展的重要“国宝”之一。

我国如今能够取得如此辉煌的成绩，离不开上一辈乃至上几辈人的辛勤付出，他们在艰苦又灿烂的年代，靠着不服输不能输的劲头，为后世留下了许许多多的宝贵财富。因此，发扬老一辈人的忠诚、爱国、奉献、奋斗的精神，是我们新时代祖国建设者和接班人的职责所在。

知识小集市

镭是一种化学元素，是一种银白色的碱土金属，带有放射性。镭在 1898 年由居里夫人及她丈夫皮埃尔·居里在捷克北波希米亚发现。他们发现铀在衰变后，衰变物仍带放射性。镭的英文名称 Radium 即是放射性的意思。镭能放射出 α 和 γ 两种射线，并生成放射性气体氡，可被生物吸入，并危害生命。镭放出的射线能破坏、杀死细胞和细菌，因此，常用来治疗癌症等。此外，镭盐与铍粉的混合制剂，可作中子放射源，用来探测石油资源、岩石组成等，是原子弹的材料之一。

思想小引擎

结合赵忠尧“菜坛子护镭”的故事，谈谈你对“爱国与忠诚”的理解。

文化小支架

志不强者智不达，言不信者行不果。

（《墨子·修身》）

释文：那些意志不坚定的人不能充分发挥他们的智慧，做事不会获得成功。

悦读二

心口如一，坚毅笃行

悦读提示

“舍半生，给茫茫大漠。从未名湖到莫高窟，守住前辈的火，开辟明天的路。半个世纪的风沙，不是谁都经得起吹打。一腔爱，一洞画，一场文化苦旅，从青春到白发。心归处，是敦煌。”这段颁奖词是写给“敦煌的女儿”——“感动中国2019年度人物”樊锦诗的，赞扬她心口如一，坚毅笃行，守护国家优秀文化遗产的高尚行为。

悦读文章

樊锦诗1938年出生在北京，成长于上海，1958年考入北京大学考古系。毕业实习时，她被选派去敦煌，被莫高窟的文化深深吸引。但因生活条件异常艰苦，她又体弱，水土不服，不到三个月，就不得不返回上海。

正式毕业时，她再次被分配去敦煌。考虑到之前的半路折返，她犹豫了。但敦煌一直是她心心念念的地方，经一番考虑，最终还是同意去。父亲得知这一消息，心疼孩子，便给校领导写了一封信，信中大意是细数女儿体弱，希望学校改派他人。樊锦诗不想做言而无信之人，便没有上交父亲的这封信，而是坚决地来到了荒凉寂寥的敦煌，这一去就是40多年。

当时敦煌的条件到底有多艰苦？据樊锦诗描述，敦煌保护研究所只有一部手摇电话，没有电灯，晚上只能用蜡烛或手电照明，上趟厕所都要跑好远的路。半夜，房梁上的老鼠会吱吱叫着掉在被子上，她又水土不服身体不适……樊锦诗坦言，自己也打过退堂鼓，不仅仅是因为生活寂寞、艰苦，还要忍受夫妻两地分居，竟长达19年，她只能每隔一两年回去看望爱人孩子一次。作为妻子和母亲，她心中充满了内疚。

最后为什么留下来？樊锦诗说："因为我对敦煌有感情了，潜意识里始终挂念着敦煌，越是压抑自己不去想莫高窟，那些壁画就越是萦绕在眼前，挥之不去。与莫高窟朝朝暮暮相处，让我觉得自己像是长在敦煌大树上的枝条，离开敦煌，就像在精神上连根砍断。"因为深深的热爱，使她守护敦煌的心更加坚毅。最终还是丈夫放弃了他在武汉大学的事业，1986年奔赴敦煌，一家团圆。

为守诚信，选择敦煌；为守初心，扎根敦煌。为了这份宝贵的文化遗产，樊锦诗和她的同事们，认真钻研，精心修补，创新呈现。

初到敦煌时，考古学家宿白希望她出一本莫高窟的考古报告，但樊锦诗迟迟未能上交。谈及原因，她说当时还有核心问题未能解决，这份报告必须经得起时间的检验，不仅能让考古学家点认同，而且要使美术家满意。半个世纪之后，她牵头出版了《敦煌石窟考古全集》第一卷，被国学大师饶宗颐赞为"既真且确，精致绝伦，敦煌学又进一境"。樊锦诗带领研究团队走过莫高窟大大小小735座洞窟，数十年磨一剑，比现在许多学者出成果的速度都慢很多。然而，这正是她做事脚踏实地、恪守严谨诚实的真实写照。

为了更好地保护莫高窟文物，降低因游客过多给壁画、彩塑带来的影响，敦煌研究院在2003年年初开始筹建莫高窟游客服务中心，全面探索信息化应用。游客可在进入洞窟之前，先通过影视画面、虚拟漫游、文物展示等，全面了解敦煌莫高窟的人文风貌、历史背景、洞窟构成等，然后再入洞窟实地参观。不仅如此，樊锦诗还创新构想"数字敦煌"，为永久地保存敦煌信息做出了突出贡献。

樊锦诗用40多年的执着坚守、诚实探索，谱写了一个文物工作者的平凡与伟大。从壁画病害防治到崖体加固，从环境监测到风沙治理，从实景敦煌到"数字敦煌"，使敦煌遗产保护翻开了新篇章，走上了科学保护之路。让我们向"敦煌的女儿"——樊锦诗致敬！

知识小集市

莫高窟，俗称千佛洞，坐落在河西走廊西端的敦煌。它始建于前秦宣昭帝苻坚时期，后历经北朝、隋朝、唐朝、五代十国、西夏、元朝等历代的兴建，形成巨大的规模，有洞窟735个，壁画4.5万平方米、泥质彩塑2415尊，是世界上现存规模最大、内容最丰富的佛教艺术地。莫高窟与河南洛阳龙门石窟、山西大同云冈石窟并称中国三大石窟，后加麦积山石窟称四大石窟。1961年，莫高窟被中华人民共和国国务院公布为第一批全国重点文物保护单位之一。1987年，莫高窟被列为世界文化遗产。

思想小引擎

结合悦读文章，说说樊锦诗对于考古研究是一种什么样的态度。

文化小支架

修身岂为名传世，作事惟思利及人。

（唐代颜真卿《争座位帖》）

释文：人总是希望为自己争取利益。然而利益的获得是有条件的。当一个人给别人带来好处的时候，他自己才能得到利益。

悦读三

一生承诺不打折

悦读提示

“一条路，走了半个世纪；一件事，倾注了全部心血。前半生，她把热血洒向三尺银幕；后半生，她带着使命穿行千村万户。从填补心灵的空白，到照亮脱贫之路。诚信就是言必信、行必果，说了就要做，做了就做好。一撇一捺写人格，一诺千金不打折。”这是一段颁奖词，献给一位坚持43年为农民放电影的“老太太”——郭建华，2019年全国十大“诚信之星”。

悦读文章

郭建华生于1953年，现任河南省开封市祥符区电影公司党支部书记、经理。1976年，她当上了农村电影放映员。“只要乡亲们喜欢看，俺情愿当一辈子乡村放映员。”就是这样一句承诺，让郭建华坚守在乡村，当了一辈子的农村放映员。据不完全统计，在她当放映员的20年里，共为观众放映1.3万多场电影；当站长和电影公司经理的23年里，共组织放映故事片、科教片14万多场次，观众达上亿人次。过去的日子里，乡亲们叫她“放电影的好闺女”，孩子们叫她“放电影的好妈妈”，现在，大家都喊她“放电影的老太太”。

从拉板车、抬机器，到骑着自行车、开着手扶拖拉机去放映，现在是开着汽车去放映。是乡亲们的企盼和亲情，伴着郭建华在银幕前从青春走向白发。她曾感慨地说：“我的人生，就是用一部一部电影摞起来的。”不仅是她本人，她的两个女儿也跟电影结下了不解之缘。

大女儿叫红梅，是个早产儿，名字也与电影有关。1978 年，电影《烈火中永生》刚在农村热映，大家都翘首以盼。为了让乡亲们尽早看上这部电影，已怀孕 7 个月的郭建华每天晚上要去 3 个村放 6 场。第 18 个晚上，电影还没放完，她就倒在了放映机旁。孩子早产了，差点儿死掉。丈夫十分心疼，也为了纪念，就以电影主题曲《红梅赞》给孩子取了名字。

二女儿叫雪梅。当时郭建华在乡下放电影《包青天》，还差一本胶片没放，她就被送到医院，孩子在一个小时后出生。因电影中有句唱词“雪里梅花耐霜寒”，郭建华就给孩子取名叫雪梅。

她为给乡亲们做点实事，守好农村电影这块阵地，可以说历尽千辛万苦。但郭建华却乐在其中。她说：“只要是一坐在放映场上，机器一转，我就随着剧情和观众一块儿落泪、一块儿欢呼、一块儿鼓掌。这么多年，苦过，累过，痛过，但我为农民放好电影的信念一天也没有改变过。”

20 世纪 90 年代，农村电影放映市场开始走下坡路，郭建华临危受命，担任县电影公司经理，这是个谁都不爱干的差事。关键时刻，她表现出了一名共产党员的责任和担当。带领大家攻坚克难，一年时间将电影公司收入由原来的不足 4 万元提升到 20 万元。

为了让群众实现物质与精神双脱贫，郭建华开始致力于精准扶贫、文化扶贫。她组织“百村千场”科技电影扶贫扶智放映活动，向贫困群众传播科普知识和实用技术。她带领放映人员深入 71 个建档立卡贫困村和 29 个非贫困村，放映电影近万场。她采取的“菜单式”放映模式颇受欢迎。以她为原型改编的《放映路上》在全国放映突破 10 万场。作为三届全国人大代表，12 年来，郭建华提交的 29 件惠民建议均被采纳。

一生承诺不打折，如今的郭建华，依旧坚守在农村电影放映一线，初心不改，使命长担，用行动谱写了一曲诚信与奉献的赞歌。

知识小集市

文化扶贫是指从文化和精神层面上给予贫困地区以帮助，从而提高当地人民素质，尽快摆脱贫困。传统的扶贫主要是从经济物质上进行辅助，而贫困地区要改变贫穷落后的面貌，既要从经济上加强扶持，更需要加强智力开发。扶贫不仅要扶物质，也要扶精神、扶智力、扶文化。大力发展农村的文化事业，提高农民的思想文化素质和科学技术水平，是促进农村经济发展，从根本上改善农民生活的关键所在。

思想小引擎

“只要乡亲们喜欢看，俺情愿当一辈子乡村放映员。”结合郭建华这句承诺，谈谈自己的感受。

文化小支架

善不由外来兮，名不可以虚作。

（屈原《九章》）

释文：善行要靠自己努力，不从外来；名声要与实际相符，不要虚假。

悦读四

背在肩上的诚信

悦读提示

胡丙申，原山西运城夏县乡镇企业局局长，担任县乡镇企业局局长 10 年，为农民担保了 69 万多元贷款，退休后打工 10 年替农民还了 39 万元欠债。胡丙申为民保债还账的事迹在网上传播后，被网民亲切地称为“还债局长”。2011 年获得第三届全国道德模范提名奖、2011 年度感动山西十大人物。67 岁时因病医治无效逝世。

悦读文章

胡丙申于 1992 年担任夏县乡镇企业局局长，当时夏县乡镇企业年产值仅有 2000 多万元，并且大多陷入困境。经过考察，胡丙申发现，资金短缺是制约夏县乡镇企业发展的瓶颈。当时，夏县乡镇企业贷款十分困难，商业银行不给放贷，农村信用社贷款的门槛也很高。农民办小企业既无多少财产抵押，也找不到担保人，靠个人根本无法贷到资金。于是，一些走投无路的农民纷纷求助胡丙申。但由于政策不允许政府部门作担保，要担保的话，就只能以个人的名义。

为了帮助农民脱贫致富，胡丙申先后以个人名义帮 19 户农民担保借了 69 万多元钱，除了少部分来自农村信用社贷款外，其余全部是向老干部、建筑商、个体摊贩以及早期致富的村民的民间借贷。

2001 年，胡丙申正式退休，债主纷纷找上了门。原来当年自己担保的 19 户农民，除了 8 户及时还了钱，其余 11 户因企业倒闭并没有把钱全部还上，有的甚至一分钱都没还。胡丙申带着债主挨个上门去找，欠债人跑的跑，病的病，死的死，当年担保的钱，还有高达 24 万多元本金没人还。面对家人的抱怨和指责，“是自己担下来？还是一躲了之？”胡丙申一时难以决断。有人建议他找找关系，把信用社的贷款做死账处理，或者干脆找一下县领导，请组织出面解决。但胡丙申一生视信誉如生命，最终毅然选择替这 11 户农民偿还债务，并承诺争取12年把所有钱连本带利都还上。

就这样，胡丙申整整走了10年还债路。2010年元旦胡丙申终于还完了最后一笔欠债。10年间，他连本带利总共还了39万元。

十年还债路，充满苦辣辛酸。胡丙申把自己的工资本交给了信用社，摆地摊卖对联、卖鞭炮，开饭馆、商店、理发店、养生馆，给人打工、做饭、拉平车，什么都干过。他的老伴王金梅，农忙时节回农村给人家打场、割麦、摘棉花、摘苹果、挖红薯、掰玉米，甚至拆房、砌墙，无所不干。胡丙申对自己的开销限制极严，没有给自己买过一件新衣服，棉衣棉裤上补丁加补丁，有时候他的一顿饭就是一碗水、一棵葱、一个馍!

他生前的同事都说：老胡是个好干部，是个现代社会最为需要的诚信人，是个令人肃然起敬的人。他的儿子也懂得父亲10年的辛酸荣辱："他就是想堂堂正正地做人，怕别人戳他脊梁骨，就这么简单。"

胡丙申的还债故事感动了很多人，山西运城市蒲剧青年实验团创作演出的现代戏《还债局长》，就是以他的故事为原型。该剧真实地再现了胡丙申十年还债的感人事迹，热情地歌颂了胡丙申。2012年11月4日，胡丙申因病医治无效逝世，当地上千名群众前来吊唁，向这位诚信模范道别。

胡丙申一心为民，不失民心，为群众办实事，明知道可能存在风险，却一往无前。他秉承的是全心全意为人民服务这一共产党人的宗旨，他的光辉形象将永远留在人们心中!

知识小集市

信贷是指以偿还和付息为条件的价值运动形式。通常包括银行存款、贷款等信用活动，狭义上仅指银行贷款，广义上同"信用"通用。信贷是社会主义国家用有偿方式动员和分配资金的重要形式，是发展经济的有力杠杆。从实际看，银行发放信用贷款的基本条件大体有如下要求：一是企业客户信用等级至少在AA—(含)级以上的，经国有商业银行省级分行审批可以发放信用贷款；二是经营收入核算利润总额近三年持续增长，资产负债率控制在60%的良好值范围，现金流量充足、稳定；三是企业承诺不以其有效经营资产向他人设定抵(质)押或对外提供保证，或在办理抵(质)押等及对外提供保证之前征得贷款银行同意；四是企业经营管理规范，无逃废债、欠息等不良信用记录。

思想小引擎

自古就有"欠债还钱，天经地义"之说，但目前社会上有很多不讲诚信的"老赖"，你怎样看待这种现象?

文化小支架

善不由外来兮，名不可以虚作。

（屈原《九章》）

释文：善行要靠自己努力，无法向他人索取；名声要与实际相符，不能虚假造作。

悦读五

一句坚守一生的承诺

悦读提示

一位普通的老人，为了少年时代的一句承诺，守望烈士 80 余载。如今年过九旬，仍在坚守。如果说最初的坚守是出于对英雄的缅怀与敬仰，到如今则已然成为老人一种割舍不下的情怀。让我们一起走近一位老党员，“义务守陵人”张捍华，一起感受诚信的力量！

悦读文章

战火硝烟之中，一个年幼的孩子亲眼看到了残酷的战争场面；苍松翠柏之间，一位步履蹒跚的老人在孤寂肃穆的烈士陵园默默守候。

这位守陵人出生于 1928 年，2012 年被评为感动徐州十大人物，他的名字叫张捍华，江苏省沛县鹿楼镇高彭庄村人，从中学校长岗位退休，退休后一直担任沛县革命烈士陵园的“义务守陵人”。春去秋来，年过九旬的他始终坚守着“陪伴革命烈士，把革命精神传承下去”的诺言。

这份承诺还得从抗日战争说起。1941 年 1 月，沛县张堤口村浓雾漫天，八路军 115 师黄河支队特务连，在这里同日伪军遭遇，展开激战。残酷的战斗从凌晨一直持续到下午五点，在近千名日伪军和三辆坦克的猛烈攻击下，115 师黄河支队教导四旅特务连的 74 名战士只有两人突围成功，其余 72 人壮烈牺牲。战斗结束后，13 岁张捍华跟随乡亲们将烈士安葬在村南高地，打扫战场时战士们与敌人纠缠在一起，掰都掰不开：有的紧抱敌人同归于尽，有的嘴里还咬着日伪军的半个耳朵……英雄们视死如归的壮烈场景，深深地印在张捍华的脑海中。他流着眼泪说：“叔叔们，安息吧，我会常来看你们。”这是少年的张捍华对烈士们的承诺。

此后每逢清明节，张捍华都去祭拜烈士，作为一名人民教师，他还经常给学生讲这段历史，鼓励他们前来祭奠英烈。后来，沛县建成鸳楼烈士陵园，将张堤口战斗中英勇牺牲的八路军英烈集体迁葬园内。1995 年，鸳楼烈士陵园整修后面向社会招聘管理员，那年正值张捍华从中学校长岗位退休，他想都没想，不要任何报酬，做起管理员，成了这块孤寂地带的“守护人”。打扫卫生、擦拭墓碑、修整花草、做兼职讲解，张捍华一日又一日重复着同样的工作。园内房屋砖瓦、花草植被坏了，张捍华就喊来子女帮修补。陵园维护资金不够，张捍华就从退休工资中拿来填补。面对亲戚邻里要他好好在家安享晚年的劝说，张捍华只有一句话：有些人值得永远铭记，有些事必须有人去做。他还说：“宁愿苦了自己，也不能愧对了烈士。”

沛县革命烈士陵园里安葬的烈士大多数没有姓名，多年来，张捍华奔走各地各单位查阅资料，为烈士们寻找家人。有人问：“张老，您这样起早贪黑守护烈士，图个啥?”张捍华说：“我受党教育多年，这点苦、这点累，比起烈士抛头颅、洒热血又算得了什么！没有这些先烈们抛头颅洒热血，哪有咱们今天富裕的好日子……”“我会把这个墓一直守到我走不动的那一天，守在他们身旁，我感到的是亲切和温暖!”

如果说最初的坚守是出于对英雄的缅怀与敬仰，到如今则已然成为一种割舍不下的情怀。

作为江苏省爱国主义教育基地之一，中小学校、机关单位和社会团体经常来祭扫陵园，一年多达 6 万人次。张捍华主动担任义务讲解员，宣讲烈士故事，他还经常到中小学校作革命传统教育报告，给孩子们讲革命故事，勉励后辈铭记历史、发愤图强。

张捍华老人 80 余年的守望、20 余年的日夜陪伴，用实际行动诠释着对烈士的真挚情感，也诠释着后人对先烈的感恩和景仰。更重要的是，他一句承诺，坚守了整整一生。这既是对中华优秀传美德的弘扬，又是对传承红色基因的践行，值得我们学习和敬仰。

知识小集市

中国抗日战争，又称日本侵华战争，是第二次世界大战东方主战场，时间从 1931 年 9 月 18 日至 1945 年 8 月 15 日。整个抗日战争期间，中国军队共进行大规模和较大规模的会战 22 次，重要战役 200 余次，大小战斗近 20 万次，总计歼灭日军 150 余万次、伪军 118 万人。

抗日战争的胜利，是中国人民一百多年来第一次取得的反对外来侵略斗争的胜利。它大大增强了全国人民的民族自尊心和自信心。中国的抗日战争是世界反法西斯战争的东方主战场，中国人民的抗战对世界反法西斯战争的胜利做出了重大贡献。

思想小引擎

你怎样看待张捍华老人“一句承诺，坚守一生”的行为？你以前对别人有过什么样的承诺，兑现了吗？

文化小支架

毛先生一至楚，而使赵重于九鼎大吕。

（《史记・平原君列传》）

释文：毛先生一到楚国，就使赵国的威望高于九鼎和大吕。“一言九鼎”就是出于此句，指一句话抵得上九鼎重。比喻说话分量大，能起很大作用。

模块十二

在奉献社会中提升自身价值

悦读导入

人的价值在于创造价值，在于对社会的责任和贡献。而人只能在劳动和奉献中才能创造价值，努力奉献的人是幸福的。德国著名诗人歌德曾说过："你若要喜爱你自己的价值，你就得给世界创造价值。"爱因斯坦也曾经这样说过："人只有献身于社会，才能找出那短暂而有风险的生命的意义。"创造有价值的人生的方法主要有两个，一是个人需要自强不息，努力提升自我价值。二是要奉献社会，提升个人价值。古往今来，很多团体和个人都是在奉献社会中实现了自身价值的提升。

悦读一

改革先锋，一心为民

悦读提示

她，是山西省平顺县西沟村党总支副书记，也是唯一当选的从第一届至第十三届的全国人大代表。她积极维护中华人民共和国妇女劳动权利，倡导并推动"男女同工同酬"写入宪法，曾荣获"全国劳动模范""全国优秀共产党员""改革先锋""最美奋斗者""全国脱贫攻坚'奋进奖'"、第一届"全国敬业奉献道德模范"等荣誉称号，2019 年成为首批"共和国勋章"获得者。"奋斗一生初心不改满目青山化丰碑，国家功勋纪兰精神一世英名贯长虹。"她，就是申纪兰。

悦读文章

申纪兰 1929 年出生于山西省平顺县。抗战时期，她就曾担任村里纺花织布小组组长。嫁到西沟村后，她一样积极参加劳动。1951 年西沟村成立初级农业合作社时，她当选为副社长。按照当时的规定，男人下田一天记 10 工分，妇女下田一天记 5 工分，这种不合理的计酬机制严重挫伤了妇女参加社会劳动的积极性，也妨碍着妇女地位的提高。于是，申纪兰就带领西沟妇女在太行山上，和男人们展开了一场"劳动竞赛"活动，证明了女性劳动能力并不比男性差。1952 年，西沟村就实现了“男女干一样的活，应记一样的工分”。当时，申纪兰并没有意识到，她带领西沟妇女所取得的成果，在中华人民共和国农村发展史上具有很大的历史意义和现实意义。

1954 年 9 月，申纪兰当选为中华人民共和国第一届全国人大代表，她提出的“男女同工同酬”倡议，被写进了中华人民共和国的《宪法》。

20 世纪 50 年代起，申纪兰为了让大山披绿、让群众填饱肚子，带领西沟群众上山栽树、下沟垒坝，让西沟村有了翻天覆地的变化：从原来的“光山秃岭乱石沟，庄稼十年九不收”到“荒山变成‘花果山’、乱石滩变成‘米粮川’”，终于让村民们吃上了一口饱饭，干石山上硬是“披”上了几万亩的绿树林。

改革开放以来，申纪兰又勇于改革，大胆创新，为发展农业和农村集体经济、推动老区经济建设和老区人民脱贫攻坚做出巨大贡献。结合她外出考察的经验，1985 年西沟村建立起一家村办铁合金厂，当年实现利润 150 万元。此后，西沟村又建立起磁钢厂、石料厂、饮料厂，村办企业办得风生水起。

后来，为保护生态环境，申纪兰和西沟村村民决定关闭不符合国家产业政策和环保要求的铁合金厂，代之以纺织服装和香菇种植等特色产业。再加上独一无二的红色文化资源，提出打造“红色西沟、绿色西沟、彩色西沟”的发展思路，最终，西沟村成功实现了“赛道转换”。

在担任全国人大代表的几十年间，申纪兰提出的一件件接地气的建议和议案，涉及交通、供水、供热、供气等多个和人民生活密切相关的领域，改善了人民生活。申纪兰曾说：“当人大代表，就要代表人民，代表人民说话，代表人民办事。”

申纪兰一生不忘初心，将自己奉献给人民、奉献给社会，不求回报。1973 年至 1983 年担任山西省妇联主任期间，她坚决不领厅级领导干部工资，不转干部身份，在奉献中拓宽了生命的厚度、实现了自身的价值。

2020 年 6 月 28 日，申纪兰在山西省长治市逝世，享年 91 岁。

申纪兰逝世后，到西沟村参观学习的人仍然络绎不绝。西沟村村民说，申纪兰虽然走了，但她的贡献会被永远铭记，她的精神永不落幕，她的故事将永远流传。

知识小集市

脱贫攻坚战是中国政府为了在确定时间内实现全部扶贫对象脱贫而集中资源、采取非常规方式精准帮助扶贫对象摆脱贫困的重大行动。具体是指 2015 年 11 月 29 日《中共中央 国务院关于打赢脱贫攻坚战的决定》中为“确保到 2020 年我国现行标准下农村贫困人口实现脱贫、贫困县全部摘帽、解决区域性整体贫困”而提出的一整套精准扶贫、精准脱贫的计划和解决方案。党的十八大以来，中国脱贫攻坚迈出坚实步伐。

思想小引擎

你认为申纪兰身上最值得学习的是什么，你对人生价值是怎么理解的？

文化小支架

天将降大任于斯人也，必先苦其心志，劳其筋骨，饿其体肤，空乏其身，行拂乱其所为，所以动心忍性，曾益其所不能。

（《孟子·告子下》）

释文：所以上天将要降落重大责任在这样的人身上，一定要首先使他的内心痛苦，使他的筋骨劳累，使他经受饥饿，以致肌肤消瘦，使他受贫困之苦，使他做的事颠倒错乱，总不如意，通过那些来使他的内心警觉，使他的性格坚定，增加他不具备的才能。

悦读二

用青春播种希望

悦读提示

鹦哥岭自然保护区位于海南省中部山区，是我国连片面积最大的热带雨林自然保护区。2007 年，来自全国各地的 27 名大学毕业生，参与组建了鹦哥岭自然保护区管理站，负责保护区的管理和科研工作。多年来，鹦哥岭青年团队面对十分艰苦的自然、生活和工作条件，克服各种困难，在平凡的岗位上创造了不平凡的业绩，为保护海南自然生态环境做出了突出贡献，成为新时代青年学习的榜样。

悦读文章

鹦哥岭自然保护区是 2004 年经海南省人民政府批准成立的，面积 50464 公顷，它不仅是海南陆地保护区的中心枢纽，更是海南岛的生态核心。20 世纪 40 年代，白沙人民曾在这里发起“白沙起义”，琼崖纵队曾将总部建在山脚下。60 多年后，一群大学生循着先烈脚步，怀抱着共同的理想，从全国各地走进了这座大山。有人是子承父业，有人是幼年梦想。2007 年，鹦哥岭自然保护区管理站迎来了建站的首批大学生，他们中有 2 名博士、4 名硕士、21 名本科生，分别来自全国 9 个省市 12 所高校。多年中，这群年轻人凭着坚定的信念、团结协作的精神和青春的创造力，让保护区管理站面貌焕然一新。

管理站建立之初，条件极其艰苦。没有办公室，他们挤在两间隔出来的民房里，男女各一间，既是办公室，又是宿舍。管理站离白沙县较远，交通不便，周围基本上没有什么娱乐设施。尽管如此，这些大学生仍没有选择离开。他们扎根在鹦哥岭，努力实现着自己的青春理想。每一次科考活动都是一次历险记。几年来的跋涉生活，让不少人都患上了风湿病和关节炎。保护区山高路险，人烟稀少，每次进山，不论男女，每人都要背 15～25 千克重的生活物资和工作器材。穿行在保护区里，除了盗猎者的陷阱外，热带丛林中的各种蛇、蜈蚣、蝎子等有毒生物也时刻威胁着巡山队员们的安全，可是他们都说这些和工作中的乐趣相比算不了什么。

工作过程中，大学生们发现，黎苗村寨卫生状况差，家家户户没有厕所，猪牛遍地走，鸡鸭全村飞，人畜粪便随处可见。他们请专家进驻，设计了“环保旱厕”和“软床猪圈”，解决了村里的卫生问题，还为农作物提供了天然肥料。

当时当地百姓很穷，提高粮食产量和效益，是帮助他们脱贫的主要办法。大学生们借鉴贵州山区“稻鸭共育”模式，用自己的工资为村民买来鸭苗开展试点，帮助村民喜获丰收。

大学生们的真情和努力，打动了质朴的村民。2008 年保护区管理站与 19 个村委会签订了集体天然林共管协议。协议的签署，代表着保护工作得到了承认，更代表着村民与管理站的人员的深厚情谊。

科研是保护区的工作重点。保护区成立以来，大学生们走遍 500 平方千米保护区的 200 多个山头，记录下 2000 多种动植物，他们在这里发现了伯乐树、轮叶三棱栎等国家一级保护植物；鹦哥岭树蛙、圆鼻巨蜥等国家一级保护动物；发现科学新物种 20 个、中国新记录种 24 个、海南新记录种 190 个，科研成果填补了国内多项空白。

为更好地保护鹦哥岭的自然生态，以 27 名大学生为核心团队，又从周边村中招募有影响力的村民作为“护林员”，共同保卫自然保护区。

坚守深山多年，大学生们换来了莽莽群山的青翠依然，换来了周边群众的生态致富，换来了科研考察的硕果累累。他们用青春播种了希望，用行动树立了丰碑，值得广大青年向他们学习。

知识小集市

鹦哥岭树蛙是首个以鹦哥岭命名的物种。它全身如翡翠一般，鸣叫声似牛叫，声音洪亮、浑厚且连续。鹦哥岭树蛙还是雨林里的“变色龙”，白天背面呈现的暗绿色，在夜间会变成浅绿色。在鹦哥岭树蛙被发现之前，海南岛上记录在案的绿色树蛙仅有 1 种。鹦哥岭树蛙属于高海拔生物，分布范围十分狭窄，栖息的生活环境类型十分单一，仅栖息于海拔 1200 米以上的地区，在鹦哥岭保护区高海拔地区的季节性水潭附近有所分布。

思想小引擎

你的职业理想是什么？读了这个故事，请思考你以后会如何坚守自己的职业理想。

文化小支架

石可破也，不可夺其坚；丹可磨也，不可夺其赤。

（吕不韦《吕氏春秋·诚廉》）

释文：石头可以被打碎，但绝不能改变它固有的坚硬；朱砂可以被研磨，但绝不能改变它自身的红色。

悦读三

人生几“转”，奉献之心不变

悦读提示

一位耄耋老人，坐在那里，听收音机中播放的京剧《满江红》唱段：“三十功名尘与土，八千里路云和月，莫等闲，白了少年头，空悲切。”透过老人慈祥的眼神，仿佛能穿过时光，看到那近三十年隐姓埋名的岁月给他留下的历史沉淀。经历过那段历史后，在美国人眼中，他一人可以抵十个集团军；法国总统戴高乐因为他，气得直接拍桌子大喊：“为什么让中国抢在了前面！”他是谁，他又做了什么，才会让欧美这些先进大国又惧怕、又气愤呢？他就是于敏，“中国氢弹之父”。

悦读文章

1926年，于敏在天津的一户普通家庭出生，父亲是小职员，母亲是家庭主妇。他12岁那年，日军进入天津，打破了他家原本安宁的生活。那时，于敏刚刚学会骑自行车，兴奋之余，他借同学的自行车出门，迎面遇到一辆行驶的日军吉普车。日本人完全没有躲避的意思，反而不怀好意地直奔于敏而来，眼看就要撞上的时候，车才停了下来。那种被侵略者欺负、压迫的屈辱感，深深刺伤了于敏的少年心。他知道，落后就会挨打，也正是从那一刻起，他心中的爱国情怀被激发。他立志要报国，要科学救国，要为中国社会发展做贡献。

1944年，18岁的于敏如愿考上了北京大学工学院。进入北京大学的于敏，如鱼得水，次次考试得第一，在一次极难的代数考试中，数学系的平均成绩不满20分，而于敏的试卷却惊动了整个北京大学，他竟然是满分。可是这时的于敏，却不满足于工学院填鸭式的教学，老师上课只讲怎么做，却并不讲原理。正在他思考这样的学习无用时，美国将原子弹投到日本的广岛和长崎，原子弹的巨大威力，深深震撼了他。原子弹巨大的威力颠覆了他以往的认知，他毅然转学，从工学院转到理学院学物理，将自己的专业方向定为量子场论的理论物理。

抗美援朝时期，美国总统艾森豪威尔在一次讲话中提到，为了让美国在朝鲜的战争中省钱，将使用原子弹，并扬言中国的舰队是原子弹攻击的好目标。这一番言论一石激起千层浪，为了打破大国的核垄断、避免落后就要挨打的局面，中国也要有自己的核武器，毛泽东主席下达命令："原子弹要有，氢弹也要快！"

于是，在钱三强的牵头下，中国成立了近代物理研究所，这也是中国第一个研究核科学的基地。以物理系第一名毕业的于敏，被导师推荐给钱三强。研究核物理和于敏所学的量子场论专业是两个完全不同的学术方向，接受这份工作，就意味着他要从头开始学习。虽然于敏的兴趣在量子场论，但是，为了国家的利益、为了中国社会的进步发展，他毅然选择接受原子核理论物理的研究工作。经过几年的努力，于敏和合作者提出的原子核相干结构模型这一研究成果，已经处于世界前列，被钱三强评价为："填补了我国原子核理论的空白。"于敏的几篇论文接连发表，震惊世界，长了中国人的志气。他继续在这个领域深耕，一定会得到更大的成绩，可是，一次谈话却改变了他的一生。

1961 年，钱三强找于敏谈话，让他转行，加入氢弹原理研究。因为，此刻的中国正站在危险的边缘，不仅有美国、苏联这样的大国在虎视眈眈，而且面临原子弹和氢弹这样的核武器的威胁。在中美关系一度紧张的情况下，美国竟然派军舰带着核武器到我国近海来示威。是可忍，孰不可忍。于敏正是在这样一个时间点，接到了这样一次谈话，他清楚即将压在身上的担子有多重，他说："为了国家，我可以把过去学的全部抛弃。"当时就答应钱三强："好，我去转！"

于敏接受这个任务后，他的名字便成了绝密，而且他的工作，上不能告知父母，下不能告知妻儿，不仅如此，他还要长年在外奔波，只能留在荒凉而又艰苦的大西北。

1967 年 6 月 17 日，一架战机带着氢弹飞向罗布泊的天空，氢弹身披降落伞从天而降，巨大的蘑菇云腾空而起，中国的氢弹爆炸成功了！

这个惊天新闻，振奋了每一个中国人。

这就是中国速度，从原子弹到氢弹，中国只用了 32 个月，而美国是 87 个月，法国是 102 个月，英国和苏联都是 51 个月。

现在中国的强盛和伟大，人民生活的安居乐业，离不开核武器的保驾护航。

于敏把一生献给了中国的核武器事业，在他隐姓埋名的那 28 年里，回家的时候非常少。难得回去的日子里，有一次，他带着孩子们去了一趟颐和园，看着长廊上的彩绘，他给孩子们讲起历史人物的故事。他讲岳母刺字，讲岳飞，讲他最喜欢的《满江红》，讲的是故事，传达的却是他那颗拳拳赤子心，是家国大义，他把科学救国、振兴民族、奉献社会融入了自己的一生。

“身为一叶无轻重”，于敏将自己的一生成就轻描淡写，但是国家和人民不会忘记这位功臣，他是真正的国士无双，是中国人民挺直的脊梁。

知识小集市

氢弹，也被称作热核弹，是利用原子弹爆炸的能量点燃氢的同位素氘等轻原子核的聚变反应瞬时释放出巨大能量的核武器，又称聚变弹、热核弹、热核武器。就其原理来说，现在大多数氢弹并不是“纯净”的聚变核武器，确切的说，它们应该叫“三相弹”，裂变引发聚变，聚变释放出的中子诱发出更剧烈的裂变即所谓的“裂变—聚变—裂变”。正因如此，它才具有了空前绝后的威力。原子弹的威力通常为几百至几万吨级 TNT 当量，氢弹的威力则可大至几千万吨级 TNT 当量，其爆炸达到的温度约为 100 亿摄氏度，是太阳中心温度的 1000 倍。

思想小引擎

根据本文，于敏一生总共有几“转”？是什么让他做出这样的选择？

文化小支架

坚志者，功名之主也；不惰者，众善之师也。

（《抱朴子·广譬》）

释文：意志坚定，是建功立业的主导；不懒惰，是一切善行的老师。要经过长时间有准备的积累才能大有可为，施展作为。

悦读四

青春守护生命之花

悦读提示

全球护士的最高荣誉——南丁格尔奖，是对医护人员非凡勇气和奉献精神的嘉奖。2010 年，浙江省皮肤病防治研究所上柏住院部护士长潘美儿获得了这个崇高的荣誉。25 年来，坚守在浙北山坳里的潘美儿，因为非凡的坚守，用她的大爱和人性之美，完美地诠释了山坳里的人生照样可以精彩。

悦读文章

潘美儿是浙江省皮肤病防治研究所（浙江省皮肤病医院）上柏住院部（麻风病区）的护士长。

1996 年，潘美儿从湖州卫校毕业，当她踌躇满志来到这里时，没想到景色怡人、青山环抱的住院部住的不是会传染，就是肢残、五官变形的患者。

医院位于德清县的山沟里，离县城 13 千米，是我国最早的麻风病院之一。医院现有麻风休养员 60 人，平均年龄 75 岁，年龄最大的 92 岁。他们有的是麻风病基本治愈的休养员，也有还在治疗之中的患者。作为重度传染病，麻风病人大多没有成家，也没有子女。

潘美儿至今记得自己第一次跟着老护士长楼月琴巡查病房的情形。当靠近病房时，一股刺鼻的气味扑面而来，她下意识地捂住了鼻子，只觉得反胃恶心。护士长看了她一眼，却没有批评她。后来潘美儿才知道，这是麻风溃疡散发出来的味道。

走进病房后，第一次面对麻风病人，“坦白地说，当时只觉着害怕。”潘美儿说，因为疾病致残，这些病人的身体大多有缺陷。护士长为大家介绍，这是新来的护士潘美儿。话音刚落，房间里的人都欢腾起来，“手脚不便的，拼命地点头；没有手指的，就用拳头使劲拍着；还有人使劲用自己能够利用的身体部位，拍打着桌子。”潘美儿说，没有想到，一个刚来的小护士，竟让他们如此拼尽全力地欢迎。“那一刻，眼泪夺眶而出。”也是从那一天开始，潘美儿下定决心留在了这个被称为麻风村的村落。

记得刚参加工作的日子里，潘美儿说她总是把自己包裹得严严实实，甚至连长靴子都穿上了。有一次，麻风病休养员徐阿土过生日，包了饺子，特意邀请潘美儿去吃。潘美儿有点害怕、忐忑。当阿土把盘子举到了潘美儿的嘴边。潘美儿至今还记得徐阿土当时的眼神：有些羞涩，但更多的是期待，纯真得像个孩子。潘美儿实在没有勇气拒绝，就把嘴边的一个饺子，几乎没咀嚼就吞了下去。看到潘美儿真的吃了饺子，阿土的表情变化了。这表情，让潘美儿终生难忘。徐阿土先是愣愣地看着，接着突然大哭起来。徐阿土说，他过了有生以来最难忘的一次生日。就在这一天，潘美儿深刻地意识到：在阳光没有照到的角落，同样有花开的期盼。对麻风病人来说，药物只能治疗身体上的不适；而爱，才是最神奇的良药，也是麻风病防治医护人员的使命所在。

对病情没有治愈的患者，直接和他们肌肤接触，需要的不仅仅是勇气，更多的是对生命的珍视。曹大妈是麻风反应病人。刚来时，因为药物色素沉淀的缘故，她全身发黑，眼神呆滞，从来不开口说话。但潘美儿知道，自闭的病人内心也是渴望交流的。她每天在给曹大妈换药时，都会跟她讲讲自己听到的、看到的有趣的事。直到有一天，潘美儿正趴在床上给曹大妈换药时，很少开口的曹大妈突然哭了：“我自己都把自己当成鬼，只有你们才把我当成人啊!”那一刻，潘美儿和大妈一起流泪。泪水冲刷的不仅是老人心里的委屈，而且是曾经的绝望。潘美儿说：“看到她脸上重新洋溢着生命的光彩。我知道，大妈找到家了。是家的温暖，让生命之花重新绽放。”

2005 年，潘美儿接过护士长的接力棒，带领着年轻的护理人员一起为麻风病人服务。2010 年前，上柏住院部还有现症病人，因为现症病人具有传染性，也就成了最危险的病区，已经是护士长的潘美儿主动提出调到那里。如今在潘美儿和她的同事合力下，现症病人已经全部治愈，现症病区也退出了历史舞台。

只有偏僻的山坳，没有偏僻的人生。面对繁华和诱惑，她选择了坚守，慷慨地奉献；面对患者和弱势群体，她报之以大爱，表露出仁心。潘美儿，让自己的生命之花美丽绽放。

知识小集市

麻风是由麻风杆菌引起的一种慢性传染病，主要病变在皮肤和周围神经。临床表现为麻木性皮肤损害，神经粗大，严重者甚至肢端残废。本病在世界上流行甚广，我国则流行于广东、广西、四川、云南以及青海等省、自治区。中华人民共和国成立后由于积极防治，本病已得到有效的控制，发病率显著下降。

思想小引擎

请你谈谈对人生价值及如何实现人生价值的看法。

文化小支架

大丈夫宁可玉碎，不能瓦全。

(《北齐书》)

释文：男子汉大丈夫宁做玉器被打碎，不做瓦器而保全。比喻宁愿为正义事业牺牲，不愿丧失气节，苟且偷生。

悦读五

忘我奉献，为北斗“星辉添彩”

悦读提示

“滴答，滴答，中国在等待你的回答。你的夜晚更长，你的星星更多。你把时间无限细分，你让速度不断压缩。三年一腾飞，十年一跨越。当第五十五颗吉星升上太空，北斗照亮中国人的梦。”这是感动中国 2020 年度人物谢军的颁奖词。谢军，北斗卫星导航系统工程副总设计师，北斗三号导航卫星首席总设计师。

悦读文章

2020 年 6 月 23 日，随着北斗三号最后一颗组网卫星顺利升空，北斗全球组网就此完成。中国成为继美国、俄罗斯之后世界上第三个拥有全球卫星导航系统的国家。

从此，仰望星空，我们能看见两个“北斗”。一个是有 7 颗星的“北斗七星”，已在宇宙间存在亿万年之久，自古以来为人类指位定向；另一个是有 30 颗星的“北斗三号全球卫星导航系统”，从无到有诞生发展不过 26 年，在浩渺太空却能为人类提供精确到 10 米的定位，是一项由中国航天人创造的奇迹。“我们北斗三号逐步把所有星上的单机产品的国产化率从 80%提高到了 100%。所以国产化这件事情，我觉得在我整个负责和跟大家一块(儿)研制北斗三号卫星过程中，应该是做得比较漂亮的一件事情。”1959 年出生的谢军这样说。

“探索浩瀚宇宙，发展航天事业，建设航天强国，是我们不懈追求的航天梦。”这是中国的航天梦。而对谢军而言，北斗卫星导航系统就是实现中国航天梦的重要一站。“我们的征途是星辰大海。”谢军说，而征服星辰大海这条路就像攀登太空中的珠穆朗玛峰一样艰难曲折。走上这条征途，默默奉献近四十载，终让中国北斗成为一张闪亮的“国家名片”。

1982 年，从国防科技大学毕业的谢军，被分配到航天工业部五院 504 所工作，该院从 20 世纪 80 年代北斗计划起步开始，就一直担负着北斗卫星系统和产品的设计制造工作，谢军与北斗结缘的种子在那时便已种下。

“那些航天领域的泰斗级人物对待工作真的是一丝不苟，这对我影响很深。”初到 504 所，谢军便被所里那些德高望重的老一辈航天人朴实严谨的工作作风所感染。至今，谢军也难以忘怀那一段日子。刚到 504 所时，谢军被分到天线技术研究室。那时测试天线要爬到野外一个很高的测试塔架上。当他爬到高高的测试塔架上时就开始眩晕，浑身没劲，这时他才知道自己有“恐高症”。研究室里的老同志知道后就不再让他上测试塔架，于是他就在地面上负责转动转台上的天线，那时转台转动天线只能靠手一度一度转和测，烈日炎炎下他一蹲就是一下午。

不久之后，谢军接手了第一件产品的研制——同轴波导转换，那时调节测试驻波的仪器设备非常简陋，需要用手一点点垫模片，把模片垫得合适了指标才会满足要求，这是一项琐碎而单调的工作，但谢军认为，那段时光学到的知识十分扎实。

正是在 504 所那段岁月的历练，让谢军养成了刻苦踏实的工作作风，也让他坚定了要从老一辈航天人手中接过“接力棒”的决心。从 504 所最年轻的高工、研究员和副所长，一路走来，十几本工作笔记密密麻麻地记录着谢军参研 10 多颗卫星和飞船的工作体会。

2003年9月，主任一通内容十分简洁明确的电话让谢军和北斗结缘，他走上了北斗二号导航卫星总设计师的岗位。此后的十几年，谢军和北斗更加紧密地联系在一起。岗位变了，谢军身上的担子更重了，肩负的使命也更多了。

谢军说："在这个领域做事情，每做一件事情一定要做好，做得要比别人强才行。"但是在他担任总设计师之初，谢军坦言有许多知识都没有掌握，诸多问题都不是很清楚，他面对着极大的挑战和困难。

谢军的压力很大，特别是在别人提出要求、国家给出任务却不知道该怎么做和遇到难题不知道该怎么解决时。但谢军说："实在不行就熬，熬那么几天总能想出来办法。"谢军口中的"熬几天"，有时是持续一个月每天近16小时的工作，有时是3年多坚持不懈的攻关改进。

2005年，当时正在建设的北斗二号系统的"原子钟"突遇问题。原子钟就如同一块"手表"，为卫星导航用户提供精确的时间信息服务。事实上，高精度的时间基准技术是卫星导航系统最核心的技术，直接决定着系统导航定位精度，对整个工程成败起着决定性作用，其重要性如同人的心脏。

2006年由于进口原子钟无法按时到货，刚刚起步不久的北斗二号差点夭折。谢军带领国内数家科研院所同时行动，在短短一年多的时间里实现技术突破并成功生产出中国自己的星载铷原子钟。当时的北斗人有这样一句话，20世纪六七十年代有原子弹，我们北斗人一定要有我们自己的原子钟。整个过程中，谢军长期连续工作，经常几天几夜不眠不休，三次晕倒在卫星发射现场。每一次醒来后，都立即赶回岗位。

2009年北斗三号卫星开始布局，十多年的时间，谢军带领团队与全国400多家科研院所，30多万名科研人员一起披荆斩棘一路向前，北斗终于爆发出磅礴的力量。

从2017年11月开始，中国在32个月内发射了30颗北斗三号组网卫星和2颗北斗二号备份星，全部顺利组网，创造了100%成功率的新纪录。这为中国增添了又一件大国重器。

北斗卫星导航系统收官之星遨游太空，是几代航天人、北斗人为之奋斗的目标最终实现的里程碑。献身航天事业30余载，其中苦乐，外人可能难以体会。对于谢军来说，北斗事业非常吸引人，他说："在这(儿)干有一种责任感，有一种使命感，也有荣誉感。"当我们看到中国航天事业取得辉煌成就的时候，更应该知道这种辉煌的背后，那些像谢军一样的航天人所做的无私奉献。

知识小集市

北斗三号全球卫星导航系统：简称北斗三号系统，由24颗中圆地球轨道卫星、3颗地球静止轨道卫星和3颗倾斜地球同步轨道卫星，共30颗卫星组成。

北斗三号卫星导航系统提供两种服务方式，即开放服务和授权服务。开放服务是在服务区中免费提供定位、测速和授时服务，定位精度为10米，授时精度为50纳秒，测速精度0.2米/秒。授权服务是向授权用户提供更安全的定位、测速、授时和通信服务以及系统完好性信息。

2020年6月23日，北斗三号最后一颗全球组网卫星在西昌卫星发射中心点火升空。7月31日上午，北斗三号全球卫星导航系统建成暨开通仪式在北京举行。中共中央总书记、国家主席、中央军委主席习近平出席仪式，宣布北斗三号全球卫星导航系统正式开通。

思想小引擎

近几年，以谢军为代表的航天人经过自主创新、艰苦奋斗的探索历程使我国的航天事业取得辉煌成就。请你从实现人生价值角度，谈谈对你有何启示。

文化小支架

古之立大事者，不惟有超世之才，亦必有坚忍不拔之志。

（北宋苏轼《晁错论》）

释文：自古以来凡是做大事业的人，不仅有出类拔萃的才能，而且一定有坚韧不拔的意志。

专题五

同学，你应具备的职业能力

职业能力是人发展和创造的基础。个体的职业能力越强，各种能力越能获得综合发展，就越能促进人在职业活动中的创造和发展，就越能取得较好的工作绩效和业绩，越能给个人带来职业成就感。职业能力是人们从事其职业的多种能力的综合。职业能力包括一般职业能力、专业能力和综合能力。一般职业能力主要是指一般的学习能力、文字和语言运用能力、数学运用能力、空间判断能力、形体知觉能力、颜色分辨能力、手的灵巧度、手眼协调能力等。此外，任何职业岗位的工作都需要与人打交道，因此，人际交往能力、团队协作能力、对环境的适应能力，以及遇到挫折时良好的心理承受能力都是我们在职业活动中不可缺少的能力。此外，我们在工作以后，跨职业的专业能力、方法能力、社会能力、个人能力，也都将经受考验。

模块十三

提升你的沟通能力

悦读导入

沟通是一门学问，也是一门艺术。沟通不是万能的，但没有沟通是万万不能的。良好的沟通有利于建立和改善良好的人际关系，也有助于事业的成功。沟通是人们通过语言和非语言的方式传递并理解信息、知识的过程，是人们了解他人思想、情感、简介和价值观的一种双向的途径。掌握一定的沟通能力，提高沟通的技巧和效率，对我们未来的生活和工作都会起到积极的作用。

悦读一

古人的沟通之道——寡言、藏拙

悦读提示

古人曾说“一句话能成事，一句话能坏事”；成语“祸从口出”；毛遂以三寸不烂之舌，强于百万之师；苏秦、张仪同样以一张嘴搅动七国风云。无论是为人处世，还是交际谈吐，语言沟通更是一门艺术！我们现在讲究“情商比智商重要”，古人没有这么说，但是古人讲“知者不言，言者不知”，还讲“大直若屈，大巧若拙，大辩若讷”。

悦读文章

适当的寡言是教养。我们一般情况下都会认为，内向的人就应该去交流，去跟人多说话，但是老一辈却教导我们，“寡言”，才是智慧的象征！

曾国藩也曾经说过，“寡言养气，寡视养神，寡欲养精”。曾国藩在家书中就强调：“须缄默寡言，循循规矩。”可见，在古人看来，寡言是一种有教养的象征，也是修身的一种方式。

藏拙是智慧。老子在《道德经》中说：“自见者不明，自是者不彰。自伐者无功，自矜者不长。”就是说，炫耀自己才能的人，别人反而会认为他愚蠢；自以为是的人，优点也不会太过突出；经常自吹自擂的人，反而没有人愿意承认他的功劳；极度膨胀骄傲的人，自然不会成为一个真正的领袖！

我们的生活中，就有很多人自以为自己很聪明，这些小聪明在智者眼中，不值一提。这种人，往往只能与平庸之辈逞一时之强，一旦遇到了更强者，往往就会贻笑大方。《红楼梦》中对王熙凤有两句判词“机关算尽太聪明，反误了卿卿性命”。王熙凤出身贵族，聪明、漂亮，而且待人处事的能力十分强。作为贾家的实际管理者，她的智慧和能力自然是毋庸置疑的！但也正是因为她不愿意藏拙，将自己的聪明、智慧、小心思都表现了出来，无论是设计相思局，还是毒害尤二姐，这一桩桩，一件件，都是聪明至极，反而做出的是糊涂事。

苏东坡在《洗儿》一诗中写：“人皆养子望聪明，我被聪明误一生。惟愿孩儿愚且鲁，无灾无难到公卿。”苏东坡自己一辈子就是被自己的聪明所误，一生潦倒，一直被放逐。所以他才希望自己的后代，不要被聪明所误，安安心心地当一个普通人！

同样，在现代社会的人际交往中，恰到好处的沉默和把自己的锋芒隐藏起来，都是沟通的修养和智慧。

知识小集市

《道德经》：春秋时期老子(李耳)的作品，又称《道德真经》《老子》《五千言》《老子五千文》，是中国古代先秦诸子分家前的一部著作，是道家哲学思想的重要来源。《道德经》分上、下两篇，原文上篇《德经》、下篇《道经》，不分章，后改为《道经》37 章在前，第 38 章开始为《德经》，并分为 81 章。《道德经》文本以哲学意义之“道德”为纲宗，论述修身、治国、用兵、养生之道，而多以政治为旨归，乃所谓“内圣外王”之学，文意深奥，包涵广博，被誉为万经之王。《道德经》是中国历史上最伟大的名著之一，对传统哲学、科学、政治、宗教等产生了深刻影响。《道德经》是除了《圣经》以外被译成外国文字出版最多的文化名著。

思想小引擎

生活中有很多性格内向的人，他们不擅长与人打交道和沟通，在很多人看来，内向之人和成功有着很远的距离，还有人认为内向也是情商低的表现，对此你怎么看？

文化小支架

名不正，则言不顺；言不顺，则事不成；事不成，则礼乐不兴；礼乐不兴，则刑罚不中；刑罚不中，则民无所措手足。

（《论语·子路》）

释文：名份不正当，就无法说得顺理(理不直则气不壮)；说话不能顺理(顺口)，做起事来就不容易成功；做不成事，礼乐的教化就不能兴盛；礼乐的教化不兴，单用刑罚，法律刑罚也不能用得恰当；法律刑罚用得不恰当，人民就会手足无措，不知如何是好了。

悦读二

成功得益于有效沟通

悦读提示

两次获得诺贝尔奖，成了为数不多的两次获得诺贝尔奖的科学家之一的桑格，谈到自己成功的秘诀时说："是善于和别人沟通，使我开阔了眼界和思路，最大限度地吸收了别人的智慧，才使我如此荣耀。"

悦读文章

截至 2020 年，在诺贝尔奖的评选中，共有 4 人两次获得诺贝尔奖，英国生物化学家弗雷德里克 · 桑格就是其中的一位。他因发现胰岛素分子结构和确定核酸的碱基排列顺序及结构而获得了 1958 年和 1980 年的诺贝尔化学奖。

在谈到自己成功的秘诀时，桑格说："是善于和别人沟通，使我开阔了眼界和思路，最大限度地吸收了别人的智慧，才使我如此荣耀。"

桑格从小深受他的父亲和哥哥的影响，对生物学产生了浓厚的兴趣。因为桑格热爱生物学，所以他将自己的大部分精力投入生物学方面，他的生物学方面的知识要远远高于同龄人。他儿时对生物学的痴迷爱好，恰恰是其所从事研究的生物化学领域的小小开端。

桑格从剑桥大学完成学业后，留校任教，成为生物化学系的一名教员，同时也开展生化研究。在剑桥大学有喝下午茶的习俗，教授们可以聚集在一起，边品茶边沟通交流，他们的思想往往会在这时撞击出火花。桑格教授就是他们中间最活跃的一位，他总是将自己在研究中遇到的困难和问题向大家公开，请大家提建议。

他第一次成功地测定出了胰岛素的一级分子结构，就是得益于大家的智慧，这使他获得了 1958 年度的诺贝尔化学奖。之后他又开始了对核酸的碱基排列顺序及结构的研究，这一次，他仍然不搞闭门研究，而是将课题公开，让大家"会诊"。很多次，在喝下午茶的时候，茶室内所有人的注意力都集中到桑格的话题上来，为他献计献策。物理系一位教授向他建议："用物理的方法来测核酸结构吧。没准能有大突破。"这时一位生物系的教授说："荧光染色方法也可用啊，革兰氏染色，还有弗尔根染色，染色后都能见到细胞核的核质。这样，测定 DNA 的核苷酸序列可能会容易些。"一个研究英国古典文学的教授也凑过来说："你闭上眼睛，我将你催眠，在梦中，你问题的答案自然就会到来了……"大家就这样你一言我一语，天马行空，漫无边际，思想跳跃着、碰撞着，灵感的火花不时闪现。

桑格教授专注地倾听着、捕捉着，觉得谁的建议中有一点可取之处，就会抓住不放，过后专门找这人深谈，一点一点地沟通。很多次，他都和同事交谈到很晚，之后就请大家吃晚餐。所以，有人就开他的玩笑，说他用晚餐来换取大家的智慧。同事们特别喜欢桑格，说他是沟通的高手。他不仅吸收大家的智慧，同时也给予别人智慧。他经常给人提出很有见地的建议，使别人受益匪浅。而且，他总是最先提出沟通的话题，激发大家的兴趣，在沟通中撞击出灵感的火花。

沟通使桑格教授的思路越来越清晰，笼罩在头脑中的迷雾渐渐淡去，逐步接近解决问题方法的核心。

桑格，这位著名的诺贝尔奖获得者，是沟通，成就了他的事业；也是沟通，成就了他的荣耀。

知识小集市

诺贝尔奖(瑞典语：Nobel priset，英语：Nobel Prize)是指根据诺贝尔 1895 年的遗嘱而设立的五个奖项，包括物理学奖、化学奖、和平奖、生理学或医学奖和文学奖，旨在表彰在物理学、化学、和平、生理学或医学以及文学上“对人类做出最大贡献”的人士；以及瑞典中央银行 1968 年设立的诺贝尔经济学奖，用于表彰在经济学领域做出杰出贡献的人。根据诺贝尔奖官网显示，诺贝尔奖每年评选和颁发一次，奖励包括一枚金牌、一份证书以及一笔奖金。诺贝尔奖二次得主，截至 2020 年，共有 4 人获此殊荣，分别是居里夫人、莱纳斯·卡尔·鲍林、约翰·巴丁、弗雷德里克·桑格。

思想小引擎

请你根据案例思考，桑格先生的沟通方法带来了什么启示，沟通有什么价值和意义。请分享在故事中获得的启示与收获。

文化小支架

夫国有四亡：令求不出谓之灭，出而道留谓之拥，下情求不上通谓之塞，下情上而道止谓之侵。故夫灭、侵、塞、拥之所生，从法之不立也。

(《管子·明法》)

君道与臣道混淆不分，国家就要混乱；把国权专授于人，君主就会失权。国家有四种危亡的表现：法令一开始就发不出去，叫作“灭”；发出而中道停留，叫作“壅”；下情一开始就不能上达，叫作“塞”；上达而中道停止，叫作“侵”。灭、侵、塞、壅现象的产生，都是由于法度没有确立。

悦读三

共情同理，赢在有效沟通

悦读提示

知名管理专家南勇在《共情沟通》里说，越懂共情，越善于突破距离感。实际上，打破沟通的困境是要培养我们的共情能力。共情是由罗杰斯提出的，可以理解成同感、同理心。同理心属于沟通过程中的一个重点，同时也是沟通的最高境界。

悦读文章

公司优秀的销售代表小张，平时的销售业绩一直领先，但最近，小张的表现有些消沉，在和一家客户进行沟通交流时，频繁出现问题，在这个过程中，小张一直在和上司李经理倾诉自己内心的想法并请李经理帮忙给出建议。

小张找到李经理说："唉，我用了整整一周的时间，做这个客户，也不知道怎么搞的，客户的销售量还不高。"从小张和李经理的交谈中，李经理理解到小张可能表达的是无奈，小张不知道怎样来做这个客户，他用了一周的时间努力却没有达到理想的销售效果，但已经没有办法了。李经理了解到小张可能对客户的能力有怀疑，于是，先是安慰了小张，并和小张一起分析了客户的实际情况和公司的策略。

过了几天，销售的情况还是没有太大的进展。小张又找到李经理，说："说来也奇怪，我又用了一周的时间做这个客户，但销量还是不高。"这样的说法，可能小张想从李经理这里得到建议，希望和他探讨一下，怎样与这个客户建立更好的关系，怎样能提高销售量。李经理和他一起分析了这个市场的情况，并给出了相应的建议。

一周又过去了，小张和这个客户沟通仍不是很顺畅，对方也没有太多的合作意愿。于是，又找到了李经理："看来是麻烦了，我又用了整整一周的时间，做这个客户，客户的销量还是不高。"李经理还了解到小张想更换这个客户并已经有候选客户了，但直接更换的信心不足。于是李经理给小张分享了自己曾经切换客户的经验，同时还给小张了一些鼓励……

通过上面的案例，我们可以看到，在三次沟通中，对方表达的"信息"是同样的，都是在与客户进行了一周的交流后，效果不理想，但是因为表达者所使用的语气不同、不同时间事情发展也在变化，所以李经理在认真地倾听后，采取的解决方式是不同的。

结合实际工作，李经理是根据小张的实际情况进行交流与沟通，并不是单纯地给出建议。假设小张仅仅是向李经理抱怨，而李经理就给出了指导的建议，这时小张心里会怎么想呢？他可能想：难道就你可以把业务做好，而我不知道怎么做业务吗？你又不是销售经理，上个月你的销售额，还没我的高呢，凭什么指导我？但是他不会和你说的，表面上他会附和你的说法，很可能其中有很多不耐烦。最后的结果是你好心帮他，可是还落下一个“好为人师”的名声。

那么比较好的处理方式是怎样的呢？还是需要我们认真分析一下小张在用不同的表达方式时，他的内心想要表达的想法。小张的几次沟通中，蕴藏了很多种不同的感情成分，有抱怨、无奈、表达建议、征求建议、希望指导等。能听懂他表面的意思是初级水平，关键是听懂他说这句话背后可能隐藏的内容，也就是要用“同理心”与对方沟通。在认真倾听后，要把已经了解的对方所要表达的含义讲出来，反馈给对方，让对方知道你对他的感觉、想法。

知识小集市

同理心(Empathy)：亦译为“设身处地理解”“感情移入”“神入”“共感”“共情”。站在当事人的角度和位置上，客观地理解当事人的内心感受、内心世界，并把这种理解传达给当事人的一种沟通的形式。同理心沟通，就是听到说者想说、说到听者想说。表层的同理心，就是站在别人的角度去理解，了解对方的信息，听明白对方在说什么；深层次的同理心是理解对方的感情成分，理解对方隐含的成分，才能真正听懂对方的意思。

思想小引擎

你的日常学习和生活中，有哪些运用同理心沟通的案例呢？请与大家分享。

文化小支架

可与言而不与之言，失人；不可与言而与之言，失言。知者不失人，亦不失言。

（《论语·卫灵公》）

释文：孔子说：可以同他交谈却没有交谈，这是错过了人才。不可以同他交谈却要同他交谈，这是说错了话。聪明的人既不错过人才，又不浪费语言。在这里，“言”不是一般的言语，而是指谈论仁道、德行修养、治国以礼等高深的道理。

悦读四

卓越服务来自用心沟通

悦读提示

在众多的服务岗位中，你会面对形形色色的服务对象，在民航服务岗位中，民航服务人员不仅向消费者、社会公众传递航空公司的信息，而且向内部员工传递信息，使员工增强公司荣誉感，提升服务水准；同时，通过各种媒介进行信息的传播，树立航空公司良好的公众形象，在公众心目中留下正面积极的印象，从而获得公众的信任和支持。面对特殊旅客的有效沟通是民航服务人员综合素质和操作技能的具体体现，是民航服务人员的重点和难点。

悦读文章

小李是某航空公司的一名空中乘务员，在一次飞行中，他遇到了一名特殊旅客，以下是他事后以日记形式记录下来的当天的服务沟通过程，很耐人寻味。

今天的飞行任务是太原—长沙—三亚，航班起飞前我们没有接到任何有关飞机上有特殊旅客的通知。太原至长沙航班中，当我们为10A座的一名男性旅客提供饮料时，他只是指了指咖啡壶。“要咖啡吗?”我问。他点了点头。第二次提供饮品时他又指了指高的瓶子，我说：“您需要可乐?”他摇了摇头，我指了指雪碧，他点了点头。好纳闷啊，这个人怎么就不说话呢？长沙到了，为了飞行安全，我们要求所有中转旅客携带好随身行李下机。

等旅客下机以后我发现在10排座位上方行李架上有两瓶陈醋和一袋山西的特产，带班乘务长说就把它们放在廊桥口，这样一会儿它们的主人看到了就会拿上飞机的。过了一会儿，飞机开始上客了，我正在紧急出口做评估，突然发现一个男士在冲我叫，可那些单独的音符却明显不是说话，他不断地指行李架，能感觉到他很着急，很气愤，我才想起来刚才那些东西可能是他的。我便带着他来到廊桥口，给他指了指廊桥口的行李。他的脸色缓和了下来，点了点头，拿起东西回到客舱里。客舱里出现了一片小声的议论，有些旅客的眼神中透露出了疑惑的情绪。其实，当听到他带有急切和愤怒的声音时，我也有些慌张，想帮助他但是沟通不了怎么办？等他坐回座位，我向他绽放了一个灿烂的微笑，我相信他能明白。过了一会儿，他招手叫我，将自己的手机递给我。上面写着：“我是一位聋哑人，刚才一上来看见我的东西不见了很着急，所以情绪有些激动。把你吓到了，我很抱歉，希望你能谅解!”我赶紧在清洁袋上写道：“没事的，我们因为要保证飞行安全需要清舱，所以把您的东西拿到了廊桥口，以为您上机时会看见，真是对不起了!”他看完后，笑了……

提供晚餐时，我突然想到了他，一会儿点餐时，他是不是又会尴尬呢？于是我赶紧写了小纸条问他："先生，我们一会儿要提供晚餐，有鸡肉米饭和猪肉面条，您喜欢哪一种？"他指了一下鸡肉米饭。我们四目相对，会心一笑。整个航程中，每一次到了他那里我都会多看他一眼，看他有没有什么需要，给他一个微笑。飞机要降落了，我写了小纸条告诉他："我们将在18：10到达三亚凤凰机场，三亚的地面温度为25℃。请您根据气温增减衣物。"下降检查时，看到了他感激的眼神和笑容，我的心里不禁美滋滋的！

他是最后一个下机的，手机上写了很长的短信给我。他说，他很感谢我为他做的一切，他努力地想和我说一声"再见"，虽然从他发出的声音里无法听出那两个字，可是我的心听到了！

离开时，他脸上的笑容是我永远难忘的。他是我接触的第一个特殊旅客，我感受到了这位特殊旅客的孤独和善良。回到家，我想了很多，不只是感动，还有懊悔，在他第一次要饮品的时候我就应该能感觉到他的特殊……我应该做得更多更好，今后，我一定可以做得更多更好。

知识小集市

特殊旅客：是需要给予特殊礼遇和照顾的旅客，或由于其身体和精神状况需要给予特殊照料，或在一定条件下才能运输的旅客。特殊旅客的范围包括重要旅客、婴儿和儿童、孕妇、残障旅客、生病旅客、老年旅客、犯罪嫌疑人及其押解者、被驱逐出境者和无签证过境旅客等。特殊旅客因其在年龄、身体、身份地位等方面情况比较特殊，有别于其他旅客。因为他们的身份特殊，因而也会提出较为特殊的服务需求。

思想小引擎

本文中的客舱乘务员在服务时，是如何和这位特殊旅客进行沟通的？有哪些方面值得你学习和借鉴？在生活中，我们该如何和残障人士进行沟通？

文化小支架

劳谦虚己，则附之者众；骄慢倨傲，则去之者多。

（晋葛洪《抱朴子·刺骄》）

解释：谦虚温和的人，就会有很多人跟随他；骄纵傲慢的人，就会有很多人疏远他。

悦读五

由理发师沟通小秘密想到的

悦读提示

沟通在我们日常生活当中非常重要，因为一切都从沟通开始。有很多人会问沟通是什么？沟通不就是说话吗？其实在沟通过程中是有很多小秘密的，这些小秘密就是我们需要注意些什么、需要了解些什么，理发师的沟通小秘密也许会给你一些启示。

悦读文章

理发师带了一个徒弟。

徒弟学艺几个月后正式上岗了。他给第一位顾客理完发，顾客照照镜子说："头发留得太长。"徒弟不语。师父在一旁笑着解释："头发长，使您显得含蓄，这叫深藏不露，很符合您的身份。"顾客听罢，高兴而去。

徒弟给第二位顾客理完发，顾客照照镜子说："头发剪得太短。"徒弟无言。师父在一旁笑着解释："头发短，使您显得利索、朴实、厚道，让人感到亲切。"顾客听了，满意而去。

徒弟给第三位顾客理完发，顾客一边交钱一边笑着说："花的时间挺长的。"徒弟不知道怎么接话，站在一旁绞着衣角。师父笑道："为'首脑'多花时间很有必要，你没听说'进门苍头秀士，出门白面书生'吗？"顾客听罢，大笑而去。

徒弟给第四位顾客理完发，顾客一边付钱一边笑着说："动作挺利索，15 分钟就解决问题。"徒弟沉默不语。师父笑着说："如今，时间就是金钱，顶上功夫速战速决，为您赢得了宝贵的时间和金钱，您何乐而不为。"顾客听了，满意告辞。

晚上打烊，徒弟愣愣地问师父："师父您为什么处处替我说话？反过来，我没有一次做对了。"师父宽厚地笑道："这是因为每一件事本身都包含了两重性，有对有错，有利有弊。我之所以在顾客面前找话给你打圆场，想法有二：对顾客来说，是人家欢喜，因为谁都爱听吉利话；对你而言，既是激励又是鞭策，因为万事开头难，我希望你以后把活儿做得更漂亮。"

徒弟很受感动，从此，他越发刻苦学艺，终于成为一名手艺精湛的理发师。

其实在我们的生活中经常也会遇到这样的问题，我们是否也想过与理发师该如何沟通呢？

大多数人去理发店理发时只是想到了要剪成什么样的头发，并没想清楚怎样和理发师进行有效的沟通，要知道这决定着你剪后的成败。这也是很多人剪后不满意的原因之一。

其实很多时候不怪理发师。如果我们能够多与理发师沟通，效果就会很不一样。

初见理发师，和对方闲谈是必须的，让理发师了解你的职业、喜好，有助于理发师在你的要求基础上凭感觉加入自己的设计元素。与其讨论一下头发长度，包括剪发前后的长度，尤其是卷发，让理发师告诉你卷发后的最终长度，以及在干、湿两种情况下长度情况，有想尝试的新发型要和理发师沟通，问一下自己本身的发长和发质是否适合，大概多长时间可以尝试。多多和理发师进行交流是非常必要的事情。即便理发师的技艺不高，在一个轻松的环境中完成这项工作，对双方来说也是件很愉快的事。

知识小集市

理发师：作为一个行业，也有自己信奉的祖师。旧时记载理发业行规行语与隐语的《净发须知》，今存于《永乐大典》中，《净发须知》中指出，净发业的祖师是罗祖并称罗真人，说："罗真人住江东，七岁学艺通。丙戌年中举，刀铒动玄宗。"按此说罗祖应是唐明皇时人，但《净发须知》又说罗祖于献宗时，曾为皇帝"整顿龙颜"，皇帝赐给金玉真珠，不受而归。但唐代并无"献宗"皇帝，传闻恐有失实之处。

思想小引擎

理发师在服务过程中，能够审时度势、察颜观色并娴熟运用语言的的艺术，使每一次劝说都能让客户满意。请你分析当我们想要更有效果地说服别人时，可以采取什么方法和策略。

文化小支架

子张问："士何如，斯可谓之达矣？"

子曰："何哉，尔所谓达者？"

子张对曰："在邦必闻，在家必闻。"

子曰："是闻也，非达也。夫达也者，质直而好义，察言而观色，虑以下人。在邦必达，在家必达。夫闻也者，色取仁而行违，居之不疑。在邦必闻，在家必闻。"

（《论语·颜渊》）

释文：子张问孔子："读书人怎样做，才可算是为通达？"

孔子说："你所谓通达是什么意思？"

子张回答说："在诸侯之国任官一定成名，在大夫之家任职，也一定成名。"

孔子说："这是成名，不是通达。通达的人，品性正直而爱好行义，认真听人说话与看人神色，凡事都愿以谦逊自处。这样的人，在诸侯之国任官一定通达，在大夫之家任职也一定通达。至于成名的人，表面看来忠厚而实际行为是另一回事，他还自认为不错而毫不疑惑。这种人在诸侯之国任官一定成名，在大夫之家任职也一定成名。"

模块十四

提升你的抗挫能力

悦读导入

在漫长的人生路上，我们总会遇到各种挫折，面对挫折，我们要正视、接受，切不可逃避。正视与接受挫折是提高抗挫能力的关键一步。中国著名的出版家邹韬奋说过：“我以为挫折、磨难是锻炼意志、增强能力的好机会。”荷兰人也有一句名言：事情既然已经是这样，就不会成为别的样子。勇于承认事情就是这样的情况，平心静气地接受已经发生的事情是克服更多不幸的第一步。

人生本来就是一个曲折的生命过程，需要经过无数次的历练方可成熟、成长，所以接受挫折是生命中的重要部分，更是生命成熟的重要表征。为此，从小接受挫折教育，让自己在受教育的过程中遭受挫折，激发潜能，达到掌握知识和磨炼意志的过程十分重要。

悦读一

挫折算什么

悦读提示

“不幸是最好的大学。”挫折也是一笔财富，它能锻炼出坚忍不拔的意志。直面挫折，战胜自我。这是对毅力的磨炼，是对勇气的考验。只要我们拥有契而不舍的毅力，便没有不可征服的高峰。只要我们有一往无前的勇气，就没有不可逾越的障碍。

悦读文章

人生在世，挫折难免。恐惧、消沉、悲哀都没有用，雨打梨花，飘零满地，但落花不会因为你的怜惜就重上枝头。

滔滔江水，一往无前，它也不会因为你的痛苦就停止流动。人不可能永远不失败，而想失败后再站起来，就必须学会承受，承受那些你该承受的挫折。

最优秀的人也有一时的失利和遭受挫折的时候。挫折是成功的驿站，而承受就是走向下一站的脚步和力量。只要你肯努力走下去，就一定会感受到阳光灿烂。

乐观面对，勇往直前，踏平“挫折”成大路。挫折不可怕，可怕的是内心的恐惧和悲观。不要放大挫折，白白增加恐惧和痛苦。

我们难免失误，不免遇挫，但如果我们只针对眼前的错误和挫折就事论事，就平添了许多战胜挫折的勇气。

莫邪之剑只有经过心血与烈火的铸炼才会锋利无比，绚丽的彩虹只有在风雨洗礼之后才出现。笑对挫折，笑对磨难，用挫折和磨难来砥砺自己、提高自己、为自己的人生写出壮丽的篇章。

温室里的花朵，尽管艳丽，但是娇嫩柔弱，一旦失去了良好的环境，便会凋零、枯萎；野外的青松，虽受日晒雨淋，却能长成参天大树。

坎坷的人生是美丽的。一生孤苦不幸的贝多芬在双耳失聪之后，仍不忘告诫自己，要扼住命运的喉咙；海涅生前最后 8 年，手足瘫痪，视力微弱，躺在被褥的“坟墓”里但生命之火不灭，吟出了大量誉满人间的优秀诗篇。初唐四杰的王勃，可谓“时运不济，命途多舛”，然而他却能直面挫折，达人知命，笑看人生。

试想，如果没有王勃开朗阔达的胸怀，哪能有他吟放出“海内存知己，天涯若比邻”的千古绝唱？原来，他们并不是脆弱的。原来，他们可以直面挫折。他们是真战士，是坎坷人生路上的强者。挫折与失败是人生最好的礼物。

一个人承受打击的能力越强，自然学到的经验越多，积累的成功本钱也越多；承受打击的能力越弱，自然会想办法躲避挫折，同时丧失自我锻炼的机会。人只有在遭受挫折，被他人百般刁难、歧视、嘲讽时，才能“打醒自己”，让自己被“当头棒喝”而惊醒过来。这岂不是一生中最珍贵的礼物？

挫折纵然无情，却给人无尽的砥砺，失败固然残忍，却使我趋于坚强。所以，遭遇挫折，就当它是一阵清风，让它从你耳边轻轻吹过；遭遇挫折，就把它视为一阵微不足道的小浪，不要让它在你的心中激起惊涛骇浪；遭遇挫折，就当痛苦是你眼中的一颗尘粒，眨一眨眼，流一滴泪，就足以将它淹没。

知识小集市

初唐四杰是指中国唐代初年，文学家王勃、杨炯、卢照邻、骆宾王的合称，简称为“王杨卢骆”。四杰齐名，原并非指其诗文，而主要指骈文和赋。他们都是初唐很有才华的诗文作家，四人才名早享，官小而名大，年少而才高，他们在初唐文坛的地位很重要，其中卢、骆长于歌行，王、杨长于五律。后人所说的声律风骨兼备的唐诗，从他们才开始定型。

思想小引擎

如果你想知道一个人创业能否成功，能否有所成就，你只需要知道他在遇到挫折时的表现即可。结合你的学习生活实际，谈谈你的想法，为什么抗挫能力强的人更容易成功？

文化小支架

千淘万漉虽辛苦，吹尽狂沙始到金。

（刘禹锡《浪淘沙》）

释文：经过不断的磨砺筛选，千辛万苦，吹走了那些沙砾，才能够得到真正的金子。这里蕴含的哲理是：沉埋在沙土里的金子，经过了岁月的洗涤，露出了金灿灿的光彩。

悦读二

凭借身残志坚改变了自己

悦读提示

他们，身残志坚；他们，不畏艰难。他们勇于挑战：更高、更快、更强——百余年来，这几个字一直写在奥林匹克格言之中。仔细品读这句格言，不难发现：奥林匹克精神的内涵不只是争夺冠军，而是自我超越。在赛场上，或许只有“最高、最快、最强”的人才能夺得奖牌，但是，每个奋力拼搏，追求“更高、更快、更强”的人，都是在超越过去的自己。奥林匹克的荣誉，属于每一个致力于自我超越的人。残奥会赛场上的残疾人运动员，正是这种精神的有力践行者。

悦读文章

2021这个夏天，东京奥运会点燃了很多人的运动激情，就在奥运会结束几天之后，精彩的残奥会也正式进入赛程了，在这个赛场，一张张彰显刚毅的脸，一具具顽强拼搏的身躯，这不仅仅是一个又一个成功，更是一个又一个奇迹。

“我只有一条腿，但我与你们一样，坚强地站着”

他是“单腿骑士”梁贵华，4岁时因意外左腿肢体残疾，凭着顽强的毅力和不服输的精神，梁贵华学会了游泳和骑自行车。

17岁时，他被教练选中参加残疾人体育运动会，18岁开始学习专业自行车，2012年伦敦残奥会，梁贵华打破世界纪录获得金牌。2016年卫冕东京残奥会成功，他出征公路个人计时赛等多个自行车项目比赛。“我们不能改变命运给我们的不幸，但我们可以改变对生活的态度，积极一点，乐观一点，生活的路可以更宽广。我只有一条腿，但是我与你们一样，坚强地站着。”

“每个人都不容易，但经历过之后，会有涅槃重生的感觉”

熊桂艳小学一年级时开始学习乒乓球，在教练的带领下，她一打就是6年，因为悟性高，球技进步快。小学毕业后她被推荐给黑龙江省队，13 岁便成为了职业乒乓球运动员，就在离国家队只有“一步之遥”时，熊桂艳被诊断为硬化型骨髓炎，不得不提前告别赛场，克服种种困难后，熊桂艳决定转战残疾人乒乓球赛场。如今，她已是“妈妈级”选手，东京残奥会，熊桂艳参加女子乒乓球团体和单打两项比赛。

“其实每个人都不容易，但经历过之后，会有涅槃重生的感觉。”如果命运向你开了玩笑，也不要气馁，大踏步地向前走去。

今天，我改变了自己

车祸导致小腿截肢，脊椎炎导致双下肢残疾，骨肉瘤左腿截肢……

纵使身体存在缺陷，这群姑娘却从不曾放弃，“虽然过去的没办法改变，但未来还在自己的掌握之中”。

为备战东京残奥会，中国女子轮椅篮球队进行了 278 天的集训，一次次转动轮椅，一次次跌倒，一次次爬起，都只为在赛场上为国争光。

知识小集市

残疾人奥林匹克运动会(Paralympic Games)，简称残奥会，始办于 1960 年，是由国际奥委会和国际残疾人奥林匹克委员会主办的、专为残疾人举行的世界大型综合性运动会，每四年于夏季奥运会后举办一届，至 2020 年已举办 16 届。

冬季残奥会自 1976 年举行以来，至 2020 年已经举办了 13 届，参赛运动员总人数接近上万人。比赛项目有高山滑雪、越野滑雪、冰上雪橇球、轮椅体育舞蹈 4 个大项，每个大项中又包括若干小项。中国 2002 年首次参加冬季残奥会，当时共派出 4 名运动员参加了高山滑雪和越野滑雪，取得一个第六名的成绩。

思想小引擎

有的人，无论多么大的挫折，都能发现解决挫折的办法，乐观冷静面对，最终反败为胜。这得益于他们的哪些品质呢？

文化小文架

余幼时即嗜学。家贫，无从致书以观，每假借于藏书之家，手自笔录，计日以还。天大寒，砚冰坚，手指不可屈伸，弗之怠。录毕，走送之，不敢稍逾约。以是人多以书假余，余因得遍观群书。

（宋濂《送东阳马生序》）

释文：我年幼时就非常爱好读书。家里贫穷，无法得到书来看，常常向藏书的人家求借，亲手抄录，计算着日期按时送还。冬天非常寒冷，砚台里的墨汁都结了冰，手指冻得不能弯曲和伸直，也不放松抄录书。抄写完毕后，便马上跑去还书，不敢稍微超过约定的期限。因此有很多人都愿意把书借给我，于是我能够遍观群书。

悦读三

替补航天员，聚光灯外的“孤勇者”

悦读提示

“谁说站在光里的才算是英雄?”2022 年 4 月 16 日 10 时许，“神舟十三号”载人飞船返回舱在东风着陆场成功着陆，航天员翟志刚、王亚平、叶光富平安返回，3 人相继安全顺利出舱。他们的一举一动牵引着全国人民的心，引发无数热议。然而在所有人目光都聚焦在他们身上时，我们也没有忘记那些替补航天员。

悦读文章

众所周知，航天员选拔是不断对候选人进行各种检查、考核和评价的过程，是优中选优的过程。航天员选拔包括预备航天员选拔、训练期的选拔和飞行乘组的选拔，涉及临床医学、航天医学、心理学等学科领域。若能成为一名待选的航天员，必定都是亿里挑一的顶级优秀人才。尽管如此，最终能脱颖而出、进入太空的航天员还是少之又少，更多人成为数十年如一日训练的替补航天员，他们为了心中梦想，为了祖国航天事业拼搏提高，却乏人知晓。

他叫邓清明，今年 55 岁，1984 年，18 岁的邓清明参军报国，成为一名光荣的中国军人。邓清明进入军队后，训练非常刻苦，军事素养和军事技能都十分突出，后来被录取为空军战斗机飞行员，从事航空领域的工作。从 1997 年被幸运地选为中国航天工程实施后的首批航天员时间算起，迄今已经 20 多年。多年来邓清明每日都要面对枯燥繁重的训练与学习，不改初衷，坚持守望。

2003 年，我国首次载人飞船神舟五号发射成功，邓清明的战友杨利伟成为圆梦航天第一人，这也让邓清明对航天事业更加向往。为了能够保持专业的航天人素养，邓清明日复一日地加强训练，有的时候为了对即将到来的航天任务作出百分之一百的准备，邓清明会跟战友们一起进入冲刺训练阶段，每天花在训练场的时间长达 16 小时，累到吃饭的时候拿不稳筷子。

邓清明的名字第一次出现在中国航天信息上，是在 1998 年他刚被选拔为首批航天员时。邓清明的名字第二次出现就是在备份乘组的队员名单上了。2012 年 6 月，中国的“神舟九号”载人飞船执行太空任务，邓清明作为备份乘组的航天员，与景海鹏、刘旺、刘洋等战友一起参与了严格的航天员训练。一年后，“神舟十号”发射升空，邓清明再次备份甘愿替补。2016 年，“神舟十一号”飞向太空，邓清明仍未能圆航天梦想，还是一名替补航天员。

连续三次的航天任务都没能成为升空航天员，邓清明是有失望和失落的，毕竟报效国家航天事业的心始终如一。在邓清明看来，能被任命为备份航天员也是需要自身有着与登上太空的航天员战友们同样的航天素质的。邓清明没有放弃，也没有对组织任命有不满情绪，而是收起失落再蓄力量，甘愿替补，这份坚持与大局观令人敬佩。邓清明十几年如一日地在训练场上挥洒汗水，不断地向心中的航天梦发起冲刺，他的身影必将载入中国航天史册，影响一代又一代优秀的航天员。

作为中国第一批航天员，邓清明坚持训练 20 年，但除了 3 次被任命为备份航天员，还未执行过飞天任务。可他依然坚持训练，是首批航天员未执行飞天任务的唯一现役队员，在国家航天事业发展中起着不可替代的重要作用。2018 年，中宣部授予了邓清明“时代楷模”的荣誉称号。从一个朝气蓬勃的青年，变成今天成熟稳重的中年人。作为一名备份航天员，直到现在，他仍然保持着高强度训练，无怨无悔。除他之外，还有陈全、赵传东、潘占春、李庆龙、吴杰等。可能很少人知道他们的名字，但他们也是当之无愧的航天英雄，誓不后退的“孤勇者”，因为他们的存在，中国航天事业才能蒸蒸日上，向着星辰大海不断进发。

人们总是容易被人群中最耀眼的群体吸引，他们出类拔萃，光芒四射。可是，一个群体的成功，身后必定伴随着无数人的默默奉献与牺牲。就如同一部电影或电视剧播出后，大热的是演员、导演，人们却忽略了默默的剧组成员。殊不知，胜利的果实其实是许许多多普通人共同努力的结果。那些替补航天员也是如此，没有他们前仆后继，也就难有今天中国航天事业的伟大成就。

让我们记住他们的名字，他们同样闪闪发光，只因升空名额有限，没能最终站在聚光灯前，他们同样值得我们去敬佩，去铭记。

知识小集市

航天员选拔：航天员选拔又称宇航员选拔，是指从具备航天员选拔条件的飞行员当中挑选，并按一定标准和流程使他们成为真正符合航天员资格的过程。成为一名真正的航天员要经过两个阶段的选拔，第一阶段的选拔是从普通的候选人中挑选出合格者，成为预备航天员；第二阶段的选拔是经过长期的航天员训练，从预备航天员中挑选出可以承担飞行任务的真正航天员。想要成为航天员要有强壮的身体，以耐受各种恶劣环境条件；有良好的心理品质，以掌握复杂的操作技能和应付意外情况；有较高的文化程度，以探索载人航天的经验；有崇高的献身精神，以适应航天探险活动。

思想小引擎

古语说，留得青山在，不怕没柴烧。先稳住当下，控制局面，不让情况恶化，然后积聚力量，等待机会。做一个能抗挫的人，当考验来临时，多问问自己这两个问题：你能不能控制住场面？你的内心是不是足够乐观和自信？你还有什么好的方法可以提升抗挫能力？

文化小支架

时运不齐，命途多舛。冯唐易老，李广难封。屈贾谊于长沙，非无圣主；窜梁鸿于海曲，岂乏明时？所赖君子见机，达人知命。老当益壮，宁移白首之心？穷且益坚，不坠青云之志。酌贪泉而觉爽，处涸辙以犹欢。北海虽赊，扶摇可接；东隅已逝，桑榆非晚。孟尝高洁，空余报国之情；阮籍猖狂，岂效穷途之哭！

（王勃《滕王阁序》）

释文：各人的时机不同，人生的命运多有不顺。冯唐容易衰老，李广立功无数却难得封侯。使贾谊这样有才华的人屈居于长沙，并不是当时没有圣明的君主，使梁鸿逃匿到齐鲁海滨，不是在政治昌明的时代吗？只不过由于君子能了解时机，通达的人知道自己的命运罢了。年岁虽老而心犹壮，怎能在白头时改变心情？遭遇穷困而意志更加坚定，在任何情况下也不放弃自己的凌云之志。即使喝了贪泉的水，心境依然清爽廉洁；即使身处于干涸的车辙中，胸怀依然开朗愉快。北海虽然遥远，乘着大风仍然可以到达；晨光虽已逝去，珍惜黄昏却为时不晚。孟尝心性高洁，但白白地怀抱着报国的热情，阮籍为人放纵不羁，我们怎能学他那种走到穷途就哭泣的行为呢！

悦读四

挫折打不败真正的强者

悦读提示

他早年投身军营，却未上前线杀敌，做的是基建工程兵；改革开放后，军队改制，他转业于国企，却给所在企业造成巨额亏损，最终被除名。时年 43 岁的他，失业、离婚、负债 200 万元，没有资本、没有人脉、没有技术、没有市场经验，带着仅有的 2 万余元，在破旧的仓库里成立了华为。

然而30年后，当人们提起华为时，它已经是跻身世界五百强之列，年营业额逾800亿美元的超级企业。这期间的艰辛与磨难、绝望与坚持、战斗与拼杀，唯有任正非能切身体悟。

悦读文章

可以说华为的每一步都有任正非的影响，作为主要创始人兼总裁，他无疑是无比优秀的。但他的经历也是坎坷的。

1944年10月，任正非出生。父亲任摩逊苦思数日，才认真地对妻子程远昭说："我给儿子取名叫正非。正，正确的正；非，是非的非。你看如何？""正非？"妻子说，"这个名字好呀，是不是跟你的名字一样也有别的什么含义呢？"任摩逊笑而不答。

1951年，任正非进入镇小学读书。课余和假日，他和其他贫苦孩子一起下河摸鱼、上树抓鸟，或用自制的"顺风耳"跟小伙伴们"打电话"。任正非读书的小学离家很近，学校的条件很差，教室简陋，透风漏雨。一到冬天，虽然有烧木材取暖的铁炉子，但室温和外面的温度也差不多；夏天则是蚊虫乱飞，既闷又热。为了鼓励儿子念书，程远昭给任正非讲了"囊萤映雪"的故事，希望他能自己悟出点道理来。1958年，任摩逊被调到都匀民族师范学校任校长。任正非随父亲来到都匀，进入都匀中学读书。

高三那年，任正非有时在家复习功课饿得实在无法忍受，就用米糠和着菜揉一下，放在锅里烙着吃。有几次父亲发现了说他："正非，你这样吃，会把身体吃坏的！"任正非若无其事地说："没事，我年轻，身体好着呢！"1963年，19岁的任正非考上了重庆建筑工程学院，这本是一件值得庆贺的喜事，但程远昭却发了愁。她为儿子穿针引线，缝制了两件新衬衣和一条拼接起来的被单。但上学还需要自带棉被，她实在没有办法解决，恰巧赶上学校住读的高中学生毕业，她便将毕业学生丢弃的破棉被捡回来，拆洗干净再精心缝好。任正非一用就是5年，直至大学毕业。

但是大学刚念了3年，"文化大革命"开始了。

父亲身陷囹圄，还被推到大街上游行，而母亲怕影响任正非的学习，对家里的变故只字不提。

直到1967年，任正非才从一个贵州老乡口里得知了父亲的遭遇。于是他决定马上回家，心急如焚的任正非买不到车票，只能扒火车回家。因为没有票，任正非被毒打，被赶下火车，一路颠沛，徒步几千米的夜路，总算回到家。

此时他们家已经无以为继了，6个弟弟妹妹也要出门打工维持生计，母亲程远昭成为了家里的主力。任父去挖沙子，抬土方做男工的重体力劳动。由于身体透支，听力受损，还患上了严重的肺结核。

任正非半夜回到家，父母来不及心疼，却让他第二天一早就走，怕被人知道，受牵连，影响他的前途。

临走前，父亲脱下自己的一双旧皮鞋给他，对他说："记住知识就是力量，别人不学，你要学，不要随大流。"后来任正非每每想到这些，都感到无比自责。他不能想象，父亲把皮鞋给了他，还怎么在泥地里去做苦工。

童年生活的苦难是人生最宝贵的一笔财富。原生家庭对一个人的一生有决定性的影响。任正非的父母都是知识分子，也都是乡村教师。

就是在这么艰苦的环境下，任正非养成了一生勤奋刻苦、坚持不屈的品质，在之后的生活中，即使条件再艰苦，环境再恶劣，他也都能咬牙坚持下去。

1987 年，任正非 43 岁，他的人生经历了失业、离婚、经商负债 200 万元，没有资本、没有人脉，没有技术、没有市场经验，虽然困难重重，但他并没有被吓倒，反而义无反顾地打定了创业的主意，筹措了 2 万元，在破旧的仓库里成立了华为。

2000 年，IT 泡沫破灭，任正非遭遇爱将背叛。

2001 年，母亲遭遇车祸意外去世。

2002 年思科提出华为侵犯了其产品知识产权，要求华为承认侵权、赔偿，并停止销售产品。

2003 年思科对华为提起专利诉讼。致命危机接踵而至，任正非每天工作十几小时，却依旧深感无力控制公司滑向崩溃的边缘。

他在半年时间里，梦醒时常常痛哭，不久之后患上抑郁症，身体得了多种疾病，还因癌症动了两次手术……

夜里哭完，第二天白天依旧充满斗志。在医生的帮助下，任正非的抑郁症最终得以康复。

然后只用了短短两年的时间，此后的华为已经是跻身世界五百强之列，年营业额逾 800 亿美元的超级企业。

2019 年 5 月 16 日，华为电信设备被禁。

第二天华为旗下芯片公司海思总裁发表了致全体员工的一封信，宣布了任正非在 15 年前实施的"备胎"计划中打造的备胎，一夜之间全部转"正"。

15 年过去了，在 1800 亿资金的支持下，海思芯片终于进入世界前五。

如今，华为鸿蒙系统已正式启用，曾经那个不起眼，被看不起的华为，现如今，早已脱胎换骨，傲然站立在世界大花园当中，任凭你怎么捶打，都已经不会倒下了。

知识小集市

鸿蒙系统：华为鸿蒙系统(HUAWEI HarmonyOS)，是华为在2019年8月9日于东莞举行华为开发者大会上正式发布的操作系统。

华为鸿蒙系统是一款全新的面向全场景的分布式操作系统，创造一个超级虚拟终端互联的世界，将人、设备、场景有机地联系在一起，将消费者在全场景生活中接触的多种智能终端实现极速发现、极速连接、硬件互助、资源共享，用合适的设备提供场景体验。2020年9月10日，华为鸿蒙系统升级至HarmonyOS 2.0版本。2021年4月22日，华为鸿蒙HarmonyOS应用开发在线体验网站上线。5月18日，华为宣布华为HiLink将与HarmonyOS统一为鸿蒙智联。

思想小引擎

挫折可成为弱者巨大的精神压力，也可成为强者勇往直前的动力。要意识到坚强的性格需要个人有意识的磨炼，决不是一朝一夕就可以达到的。任正非的故事给了你哪些启示呢?

文化小支架

天若无雪霜，青松不如草。地若无山川，何人重平道。

（唐代唐备《失题二首》）

释文：天如果不降霜雪，四季常青的松树可能还不如一棵小草。地上如果没有高山大河，就没有人看重平坦的道路。

悦读五

顽强的意志成就辉煌的人生

悦读提示

邓亚萍是乒乓球历史上伟大的女子选手，她5岁起就随父亲学打球，1988年进入国家队，先后获得14次世界冠军头衔；在乒坛世界排名连续8年保持第一，是排名世界第一时间最长的女运动员，成为唯一蝉联奥运会乒乓球金牌的运动员，并获得4枚奥运会金牌，其中包括单打和与乔红组合的双打。

悦读文章

童年的邓亚萍，因为受当时担任体育教练的父亲的影响，立志做一名优秀的运动员。

但是她个子矮，手脚粗短，根本不符合体校的要求，体校的大门没能向她敞开。于是，年幼的邓亚萍跟父亲学起了乒乓球，父亲规定她每天在练完体能课后，必须还要做 100 个发球接球的动作。邓亚萍虽然只有七八岁，但为了能使自己的球技更加熟练，基本功更加扎实，便在自己的腿上绑上了沙袋，而且把木牌换成了铁牌。对一个孩子来说，这是多么难能可贵！这不但要使身体备受煎熬，而且心理方面要承受巨大的压力。小小的她，每闪、展、腾、挪一步，都可以用举步维艰来形容。腿肿了，手掌磨破了，这是家常便饭，但她从不叫苦，不喊累。负责训练的父亲，有时心疼得掉眼泪。

付出总有回报，由于邓亚萍的执着，10 岁的她便在全国少年乒乓球比赛中获得团体和单打两项冠军。进入国家队后，邓亚萍都是超额完成自己的训练任务，队里规定上午练到 11 时，她就给自己延长到 11 时 45 分，下午训练到 6 时，她就练到 6 时 45 分或 7 时 45 分，封闭训练规定练到晚上 9 时，她练到 11 点多。邓亚萍为了训练经常误了时间，就自己泡面吃。在队里练习全台单面攻时，邓亚萍依旧往腿上绑沙袋，而且面对两位男陪练的左突右奔，一打就是 2 小时！在进行多球训练时，教练将球连珠炮似的打来，邓亚萍每次都是瞪大眼睛，一丝不苟地接球，一接就是 1000 多个。每一节训练课下来，汗水都湿透了邓亚萍的衣服、鞋袜，有时甚至连地板也会浸湿一片，不得不换衣服、鞋袜，甚至换球台再练。长时间从事大运动量、高强度的训练，从颈到脚，邓亚萍身体很多部位都是伤病。为对付腰肌劳损，她不得不系上宽宽的护腰，膝关节脂肪垫肿、踝关节几乎长满了骨刺，平时只好忍着，实在痛得厉害了就打一针封闭针，脚底磨出了血疱，就挑破它再裹上一层纱布接着练。就算是伤口感染，挤出脓血也要接着练。

拼搏、拼搏、再拼搏！无论是做运动员还是做学生，邓亚萍对自己的要求都几近苛刻："必须做好，我没有理由做不好！"这就是一份自信！

邓亚萍的出色成就，改变了世界乒坛只在高个子中选拔运动员的传统观念。国际奥委会主席萨马兰奇也为邓亚萍的球风和球艺所倾倒，亲自为她颁奖，并邀请她到洛桑国际奥委会总部做客。

知识小集市

乒乓外交：乒乓外交是指 1971 年中国邀请美国乒乓球队访华事件。1971 年 4 月 10 日，美国乒乓球代表团和一小批美国新闻记者抵达北京，成为自 1949 年以来第一批获准进入中国境内的美国人。此举对中美关系的突破产生了影响，被誉为"小球推动大球"。中美两国乒乓球队的友好往来，推动了中美两国关系正常化的进程。

思想小引擎

苦难对于弱者是万丈深渊，但对天才是垫脚石，对能干的人是一笔财富。对此你有什么看法？

文化小支架

金樽清酒斗十千，玉盘珍羞直万钱。停杯投箸不能食，拔剑四顾心茫然。欲渡黄河冰塞川，将登太行雪满山。闲来垂钓碧溪上，忽复乘舟梦日边。行路难！行路难！多歧路，今安在？长风破浪会有时，直挂云帆济沧海。

（唐代李白《行路难》）

释文：金杯中的美酒一斗价十千，玉盘里的菜肴珍贵值万钱。但心情愁烦使得我放下杯筷，不愿进餐。拔出宝剑环顾四周，心里一片茫然。想渡过黄河，坚冰堵塞大川；想登太行山，大雪遍布高山。遥想当年，姜太公磻溪垂钓，得遇重才的文王，伊尹乘舟梦日，受聘在商汤身边。人生的道路何等艰难，何等艰难，歧路纷杂，真正的大道究竟在哪边？坚信乘风破浪的时机定会到来，到那时，将扬起征帆远渡碧海青天。

模块十五

提升你的跨界能力

悦读导入

跨界是整合、是融合。跨界是从某一属性的事物，进入另一属性的运作，其主体不变，而事物属性的归类发生了变化，主要是通过自身资源的某一特性与其他表面上不相干的资源进行随机的搭配应用。随着科技的快速发展，特别是移动互联网的普及，给人们的生活带来了更多的便捷。进入互联网经济时代，跨界更加明显、广泛，可放大相互资源的价值，甚至可以融合一个完整的独立个体面世；在跨界营销方面，各个独立的行业主体，不断融合、渗透，也创造出很多新型、发展劲势的经济元素。

悦读一

烘焙师成了抖音主播

悦读提示

他在中职阶段选择了西餐专业，而后转专业学习烘焙，毕业后参加 2019 年世界技能大赛获得北京赛区四强的成绩，他并没有做一名烘焙师，而是成了在抖音上拥有近 30 万粉丝的技能主播，通过短视频和直播向网友们分享烘焙技能，甚至是进入中华人民共和国第一届全国技能大赛现场，凭借自己的专业烘焙知识和主播经验，担任了国家级技能比赛的直播解说。他就是北京市昌平职业学校烘焙专业优秀毕业生王巍烨。

悦读文章

王巍烨是北京市昌平职业学校烘焙专业的学生。因为他个人对烘焙感兴趣，在 2015 年入学时选择了有西点课程的西餐专业。但他不喜欢处理生肉，对西餐的其他课程兴趣不大。在学校开设了烘焙专业后，他转到烘焙专业重读一年，跟随世界面包大师团中国区主席曹继桐老师学习，并且通过参加各级各类烘焙大赛，积累技能经验。

在高中三年的很多天里，早上七点到后半夜他都是在烘焙室内备战技能比赛，对于技能比赛需要精湛的技能技术、科学的制作流程、良好的语言表达能力进行了刻苦的训练。

王巍烨不断创新，把中国特色的食材、技法融入西方烘焙当中，在第一届世界面包大使(中国)青年精英赛深圳预选赛中脱颖而出，他采用药食同源的理念，把中国的古法八珍粉加入面包配方，并加入核桃、黑芝麻、亚麻籽、南瓜子，还加入了果干调节味道，研发出一款八珍粉果仁营养健康面包，培补脾胃，益气健中，吃面包还能补身体，颇受现场评委的青睐，受到一致好评，最终一举夺得“最佳营养健康面包奖”。

三年间他共参加过八次烘焙比赛，获得过世界面包大使中国青年精英赛的全国季军、最佳健康面包奖，获得过第 45 届世界技能大赛北京赛区四强的名次，还获得过美国加州全国乳品大赛冠军、法国奶油技能大赛北京一等奖等荣誉和奖项。在第 45 届世界技能大赛北京赛区得奖后，王巍烨获得了劳动部特批的国家高级烘焙师证书。一般情况下，这是从业 10 年后才有机会考取的职业资格证书。毕业后他在抖音上注册了账号“北京面包王”，已经成为抖音平台上一名拥有近 30 万粉丝的技能主播，通过短视频和直播的形式，向网友们分享自己的烘焙技能。当已经毕业的王巍烨回学校看望老师时，提到自己在抖音做了技能主播。那时，正是第一届全国技能大赛“全国技能主播”遴选活动开始时，老师把这个消息告诉了他，并鼓励他可以尝试去参加，争取为国赛解说的机会。经过海选、初赛、决赛阶段遴选的环节，王巍烨凭借在烘焙领域的专业能力和优秀的表达能力，成为最终入选的八名主播之一。不同于曾经以从业者的身份参加竞技，在这样一场意义重大的比赛中，王巍烨的作用，是用他具有烘焙知识和做主播的经验，让更多人了解烘焙，关注烘焙技能，同时也是更好地宣传工匠精神。

慢慢地，王巍烨开始运行自己的抖音账号，他也凭借着自己的烘焙技能、参赛经验不断拓宽相关资源，赢得了很多网友的好评。

最开始，他通过短视频和直播进行烘焙教学，分享一些面包的专业制作方法。从如何选择面粉、如何控制火候，到如何完整制作出无油无糖的黑麦面包、全麦玉米制作的健康粗粮面包，吸引了很多烘焙爱好者的关注。

王巍烨制作了几期面包店探店视频发布在抖音，又尝试制作视频讲述世界各地知名面包背后的文化和故事……他也希望不断拓宽自己创作内容的边界。

王巍烨将烘焙的知识、技能、技巧制作成烘焙课程并进行录制，并在抖音橱窗上架，系统帮助烘焙爱好者学习技术的同时，也通过知识付费为自己获得收益。

“不出意外的话，我可能就会一直从事新媒体这个行业了，把行业里一些平常人不知道的东西传播给大众。”王巍烨说。

知识小集市

技能主播：为配合第一届全国技能大赛宣传，由第一届全国技能大赛执委会、《技能中国》联合几大媒体举办的“全国技能主播遴选”活动，由主播通过抖音直播对第一届全国技能大赛的情况提供现场解说。技能主播还参与了抖音直播培训，更进一步挖掘技能创作者潜质，鼓励大众创作更多技能题材，推动技能强国和工匠精神等正能量题材在新媒体中的传播。

第一届全国技能大赛共设 86 个比赛项目，来自全国的 36 支代表队的 2500 多名选手参赛，是目前国内规格最高、项目最多、规模最大的全国性、综合性职业技能赛事。对于相关职业的从业者而言，能够参加职业技能大赛有着特殊的意义。

思想小引擎

王巍烨热爱自己所学的烘焙专业，也喜欢技能主播的职业，成了广大烘焙爱好者喜欢的主播，请根据你的理解分析他是如何“跨界”成功的。

文化小支架

口能言之，身能行之，国宝也。口不能言，身能行之，国器也。口能言之，身不能行，国用也。口言善，身行恶，国妖也。

（《荀子·大略第二十七》）

释文：嘴里能讲出来，又能身体力行，这是国家的珍宝；嘴不能讲，但有实际行动，这是国家的重器；嘴上讲得好，而行动上做不到，还能为国家所用；嘴上说得漂亮，而行动上则为非作歹，这种人，是国家的妖孽。

悦读二

跨界，让故宫文化历久弥新

悦读提示

作为中国明清两代的皇家宫殿，故宫是中国历史的见证者，中国文化的重要代表之一，给人的印象一直都是严肃、端庄，但近几年故宫一改往日的形象跨界了，通过跨品牌、用户、利益点的界，将古典元素与时尚元素相结合，让人眼前一亮，使得故宫的形象也时尚起来、活跃起来。

悦读文章

随着故宫博物院和北京电视台出品的文化节目《上新了·故宫》的播放以及故宫文化创意产品的推广，故宫博物院的文化创意产品逐渐被大众所关注，从纸胶带、翠玉白菜阳伞，到朝珠耳机等，独有的创意设计也与人们的生活紧密相连。故宫的文创产品特征和设计思维方面不只是在创意层面上的发挥，更多的是沿着故宫600年历史脉络，发掘出深藏的“故宫文化”元素作为传播载体并且不断发展。

早在2010年，故宫淘宝就已上线，开始售卖文化产品。但由于产品价格高昂、质量一般，没有掀起公众购买的热潮。直到2013年，故宫淘宝开始转型，以“卖萌”姿态出现。数据显示，故宫文创2013年增加文化创意产品195种，2014年增加文化创意产品265种，2015年增加文化创意产品813种。截至2016年年底，故宫文创产品共计9170种。

近年来，故宫文创产品不断推出新款、爆款，频频出现在大众视野，向年轻化转型。在产品研发方面，也更加倾向于深入地研究人们生活，使得产品能够不断满足人们生活；同时也在深入挖掘并提炼其文化资源，与人们的生活对接，赢得更多人的喜欢。

故宫的文创店叫“文化创意馆”，其中包括丝绸馆、服饰馆、影像馆、陶艺馆、书店等。2018年12月，故宫还开了一家“故宫角楼咖啡”店，店内以《千里江山图》作为主要布景，提供用宫廷风格命名和装饰的饮品、甜点。

在互联网故宫博物院文创旗舰店，有创意生活、紫禁服饰、典藏之选、故宫笔记、家居陈设、金榜题名、故宫中国节等板块的产品供爱好者选择，均可以在不同方面满足人们的购买需求。

故宫文化创意产品连接更多新公众，将故宫文化持续融入大众生活。除此之外，故宫还推出了故宫彩妆、故宫咖啡，甚至还与腾讯 NEXT IDEA、QQ 音乐合作，携手打造了音乐创新大赛，与网易新闻推出“奉旨看球”的H5、与抖音联合推出的“第一届文物戏精大会”等活动。

故宫也会举办多种免费的教育活动，能够让参与的人更加了解中国的传统文化，对中华文化热爱的人提供学习的平台。

知识小集市

文创产品旨在满足广大旅游者对目的地文化体验的需求，因此必须具有文化特色，让旅游者能够把旅游目的地的文化带回家，延长旅游体验感。故宫博物院在开创文化产品上走在前列，深度挖掘丰富的明清皇家文化元素，将有几千年历史故宫的建筑、故宫的文物以及背后的故事，融合现代人喜欢的时尚表达理念，最终打造出具有故宫文化内涵，具有鲜明时代特征，贴近群众实际需求，深受消费者喜爱的故宫元素文创产品。

思想小引擎

故宫给你留下印象最深刻的是什么？故宫的文化创意产品你了解多少？在其中所蕴含的古代传统文化又有哪些呢？

文化小支架

易穷则变，变则通，通则久。是以自天佑之，吉无不利。

（《周易·系辞下》）

释文：《易经》的法则就是事物发展到极点就要变革，变革就会通达，通达了就会保持长久。所以“本来就是自然规律的佑助，吉祥如意，没有什么不利的”。

主要表达的意思是指事物发展到了极点，就要发生变化，才会使事物的发展不受阻塞，事物才能不断地发展。道行不通时选择变，变了之后就会豁然开通，行得通则可以长久。

悦读三

伟大的跨界转变

悦读提示

鲁迅是我国现代最伟大的文学家、革命家和思想家。1904 年 9 月，鲁迅在日本仙台医学专门学校学习。两年后，他忽然决定弃医从文。鲁迅的一生在文学创作、文学批评、思想研究、文学史研究、翻译、美术理论引进、基础科学介绍和古籍校勘与研究等多个领域皆具有重大贡献。

悦读文章

鲁迅生长在一个官僚地主的家庭里，幼年时，他在一个颇富足、热闹的家庭中度过，他常在私塾里读书，并熟读“四书”“五经”等儒家经典，阅读了众多文学名著和书籍。在他 13 岁那年，在京城做官的祖父因故入狱，此后其父长期患病，他经常拿着医生为父亲开的药方到药店去取药，也会变卖一些东西维持生计。在这期间，他过早地体验到了人生的艰难和世情的冷暖……

1898 年，18 岁的鲁迅，进了南京水师学堂，后来又改入南京路矿学堂。由于成绩优异，他在毕业后获得了公费留学的机会。1902 年，他东渡日本，开始在东京弘文学院补习日语。1904 年到 1906 年在日本仙台医学专门学校（现日本东北大学医学部）学习，鲁迅在仙台学习的第二年碰到了一件事情，这件事情也马上使他改变了学医的志向。鲁迅在《藤野先生》一文中提及他弃医从文的原因，当时他在学校看了一部关于日俄战争的纪录片，影片中的国人为俄国人做侦探而被日本人逮捕要被处决，一群中国人却若无其事地站在旁边看热闹，这件事对鲁迅有了很多的刺激，他认为“救国救民需先救思想”，于是他弃医从文，希望用文学改造中国人的思想、改变中国人的精神。

事实胜于雄辩，鲁迅以实际行动实现了自己的理想。弃医从文后，回到东京，翻译外国文学作品，筹办文学杂志，发表文章，从事文学活动。鲁迅把个人的人生体验同整个中华民族的命运联系起来，奠定了他后来作为一个文学家、思想家的基本思想基础。在当时，他和他的二弟周作人共同翻译了两册《域外小说集》，他个人单独发表了《科学史教篇》《文化偏执论》《摩罗诗力说》等一系列重要论文。在这些论文中，他提出了“立国”必先“立人”的重要思想，并热情地呼唤“立意在反抗，指归在动作”的“精神界之战士”。

1909 年，鲁迅从日本归国，而后加入新文化运动，以手中的笔作为武器，发出了震撼人心的呐喊，他创作了《狂人日记》《阿 Q 正传》《呐喊》《彷徨》等作品，发人省醒，旨在唤醒国人沉睡的灵魂。

这是鲁迅先生一生最重要的转折点，鲁迅先生最终实现了自己崇高的人生价值。鲁迅说：“人生最苦痛的是梦醒了无路可以走。”于是鲁迅选择了唤醒麻木着的中国人并指引他们前进。这是鲁迅崇高精神境界的反映，表现了他总是站在国家与民族利益的高度想问题与做事情，将自己的人生与祖国和民族联系起来，具有极强的爱国精神和民族自尊心。

知识小集市

鲁迅与北京大学：他不仅设计了北京大学校徽，而且是北京大学的著名教授。2014 年 10 月 15 日，习近平总书记在文艺工作座谈会上的讲话中曾六次谈及鲁迅。他说，“鲁迅先生说，要改造国人的精神世界，首推文艺。”“鲁迅就对人民充满了热爱，表露他这一心迹最有名的诗句就是‘横眉冷对千夫指，俯首甘为孺子牛’。”鲁迅在北京这座城市，生活、战斗了多年，从 1920 年 8 月至 1926 年 8 月，他在北京大学兼任教师。北京大学是鲁迅任教时间最长的一所学校，鲁迅对北京大学深怀感情，北京大学也始终以鲁迅为骄傲，鲁迅的思想和精神，始终与国家和民族共命运，鲁迅的精神，以及他所赋予北京大学的精神，已融入一代又一代北大人的血脉之中。

思想小引擎

鲁迅为什么会弃医从文？他的故事对你有什么启发？你学过哪些鲁迅的文章？这些文章给你的感受是什么？

文化小支架

1. 运交华盖欲何求，未敢翻身已碰头。
破帽遮颜过闹市，漏船载酒泛中流。

横眉冷对千夫指，俯首甘为孺子牛。

躲进小楼成一统，管他冬夏与春秋。

（鲁迅《自嘲》）

释文：交了不好的运气我又能怎么办呢？想摆脱却被碰得头破血流。

破帽遮脸穿过热闹的集市，像用漏船载酒驶于水中一样危险。

横眉怒对那些丧尽天良、千夫所指的人，俯下身子甘愿为老百姓做孺子牛。坚守自己的志向和立场永不改变，不管外面的环境发生怎样的变化。

2. 灵台无计逃神矢，风雨如磐暗故园。

寄意寒星荃不察，我以我血荐轩辕。

（鲁迅《自题小像》）

释文：我无法逃避箭矢刺射所带来的痛，我炽爱着仍遭受侵略和封建压迫的家园。这份情感寄托给天上的星星却没有人明了，我誓将我的一腔热血报效我的祖国。

悦读四

从体操王子到商业巨子

悦读提示

提到李宁，许多人会想到他是国产运动品牌的骄傲，尤其是“一切皆有可能”的宣传标语曾激励着众人勇往直前。李宁，从一个世界冠军的名字，到一个耳熟能详的体育品牌，从106块金牌得主到170亿身价的总裁，他在不同的领域，展示了同样的优秀。李宁的成功没有我们想象得那么容易，而他的生活也没有我们想象得那般忙碌。他每周只上一天班，陪伴家人照顾孩子；他在拥有公司后去北京大学读书，成绩之好令人惊异；他玩电脑，一不小心促成了李宁网店的开张。李宁鼓励每一个人透过运动实现自我，并激励每一个国人自信自强。

悦读文章

1963年，李宁出生于广西壮族自治区的一个普通教师家庭，父亲是一名音乐老师，李宁也继承了父亲的好嗓子，很喜欢唱歌，也拥有很高的音乐天赋。据他自己所说，他小时候的理想就是成为一名音乐家，直到有一天，一年级的小学生李宁看到课外体操小组正在进行训练，从来没接触过体操的李宁狂言道“不就是拿大顶翻跟头吗，我也会”，于是8

岁的他加入了广西体操集训队，并爱上了体操。

1980 年，17 岁的李宁因为其傲人的天赋、超强的能力被选入了国家体操队，在国家队人才济济，李宁便更加努力刻苦训练，也自此开启了他职业生涯的辉煌人生。由于成绩在队中数一数二，李宁有幸被选出去参加国际比赛。1982 年，李宁在第六届世界杯体操赛的 7 项体操项目中，一举拿下了 6 项的冠军，仅剩的一项也拿到了第三名的好成绩。1984 年，在第 23 届洛杉矶奥运男子体操单项比赛中一举拿下了三枚金牌、两枚银牌和一枚铜牌，更让人惊叹的是他一个人拿下的奖牌数，竟接近中国代表团总奖牌数的五分之一，李宁便成为了该届运动会奖牌数最多获得者。

1988 年在韩国汉城奥运会上，带伤上阵的体操王子李宁先后在吊环比赛中挂住了脚、在跳马比赛中不慎摔倒，大失误连连，令人大为失望。这次他输得很惨，很多人习惯了李宁光辉的战绩，以至于忘记了他的伤病，铺天盖地的谩骂声冲这个刚在赛场上受到巨大挫伤的男人卷来。同年 5 月，退役后的李宁顶着舆论压力加盟了健力宝。虽然李宁是一个体育界的大神，但是他仍对经商有一些灵敏的嗅觉。在他的提议下，公司为健力宝拍摄了一个具有体育动感的广告，由李宁本人亲自出演，并花费 60 万元巨资在央视大规模投放广告，一经播出便引起了巨大的轰动，健力宝的销售额也猛增了 3000 万元。

1990 年，借着健力宝的大火，以及李宁冠军的名号，李宁的名气也再次大增，甚至拉到了新加坡的投资，这一年李宁成立了服装厂，“李宁”这个牌子也正式诞生，并由李宁担任总经理。然而事情却并没有想象中那么顺利，李宁公司的第一次订货大会，虽然有很多人来参加，但都是出于门面上的原因，并没有人下订单。李宁每天苦思冥想，怎么才能把品牌宣传出去。功夫不负有心人，“李宁”的转机很快就来了。同年 8 月，李宁拿到了亚运会火炬传递权，那天，李宁身着自己品牌的雪白的“李宁”运动服，接过了藏族姑娘达娃央宗手中熊熊燃烧的“圣火”，这个圣火也点燃了“李宁”名气之火，给“李宁”增加了很大的宣传，使得“李宁”品牌大火。亚运会结束以后，李宁公司的订单金额一下高达 1500 万元，并呈不断增长之势。众人都以为“李宁”自此便一帆风顺了，然而并没有。

2010 年，由于耐克、阿迪达斯等品牌大量涌入中国市场，并收获了大量的消费者，而李宁的品牌不够潮流，很难留住年轻的消费者，自然也很难在这场竞争中获得优势。12 月，李宁公司发布 2011 年二季度产品订货会情况以后，便引发了股票暴跌，再加上品牌重塑，技术升级，生产成本自然会上升，于是李宁公司一年内三次提价导致订单量也骤减，很快李宁线下店开始出现大规模闭店，爆发了一场大危机。2011 年，李宁这个品牌已经亏损了 31 亿元。最后李宁本人回归“李宁”，才开始扭转乾坤，由亏损开始盈利。“李宁”真正开始复活还得从 2018 年说起。

2018 年，“李宁”在纽约时装周亮相，第一次让全世界认识了国潮李宁的魅力，运动与中国传统元素的潮流结合吸引了一大批中国年轻人，也使得外国人为之惊叹。作为中国第一个登上国际秀场的运动品牌，李宁让全世界感受到了中国设计的魅力。中国也自此有了自己品牌 LOGO 的运动服，老气呆板的标签被撕去，红黄配色再也不是“死亡配色”，中国体育品牌第一次大翻身，打破了世人对中国运动品牌的传统认知。

2021 年 6 月，李宁跨界汽车营销领域，一汽奔腾·李宁五羽轮比赛事长春站的激情打响，这也是一汽奔腾与李宁羽毛球在“共创运动 IP”方面的正式落地。跨界联姻的营销方式，深层次地打通这些正在崛起的消费群体，并且让品牌与用户拉近了距离，很好地实现了产品价值和品牌的高效传播。

立志欲坚不欲锐，成功在久不在速，当今世界需要青年人去改革去创新，去推翻破旧不适用的理论，开创一个朝气蓬勃的未来。不可否认的是，李宁是一位卓越的体操运动员，李宁用半生打造了属于他的商业帝国，他创造了国牌经典，也用个人实力打造了体操神话，这些荣誉和他数十年如一日的努力密不可分，而他一切的出发点都是“中国、李宁”。

知识小集市

品牌效应是指由品牌为企业带来效应，它是商业社会中企业价值延续，在当前品牌先导商业模式中，意味着商品定位、经营模式、消费族群和利润回报。树立企业品牌需要企业有很强的资源统合能力，将企业本质一面通过品牌展示给世人。广告、日常营销、售后服务都对其有直接影响。品牌效应是品牌在产品上使用，为品牌使用者所带来效益和影响。品牌是商品经济发展到一定阶级的产物，最初的品牌使用是为了便于识别产品，品牌迅速发展即在于品牌使用给商品生产者带来了巨大社会效益。

思想小引擎

当今世界，无数能人志士向陌生的领域发展以此挑战自我，成功者的背后，也同样有许多值得每一位已经或正在打算“跨界”者去探索和深思，真正的金子，在哪里都会发光，要发光，首先要让自己成为金子！此刻的你有什么想法呢？

文化小支架

不日新者必日退，未有不进而不退者。

（北宋程颢、程颐《二程集·河南程氏遗书·卷第二十五》）

释文：君子对于学习一定要日日有新的进步，日新就是要每一天都要有进步。不天天有进步就一定会天天退步，从来没有既不进步又不退步的事情。

悦读五

跨界营销——品牌生存的营养剂

悦读提示

当今，品牌对于跨界联名的热情丝毫不减，并一直尝试在不同领域颠覆年青一代心中对品牌的固有印象。为了能够吸引年轻消费者，品牌在跨界营销上不断进行大胆创新，不仅有与艺术或文化联合的跨界，还有同行竞品跨界、异业跨界，有的强强联合，有的相互赋能……多种跨界搭配下出现了大量让人眼前一亮的案例，也让广大消费者看到了品牌的多面性，赋予了品牌更多创新的可能性。

悦读文章

某品牌×人民日报：致敬最美守护者

报纸和饮料的跨界组合，和讲故事有关系吗？记得我们的外交部发言人耿爽卸任的时候说了一句，无论以后是什么身份，都会讲好中国故事。

2020年，我们经历了疫情期间的艰难，但仍有一群坚守岗位的普通人，他们用热爱与坚守、责任与初心，成为更多人心目中的平凡英雄。这期间，某品牌饮料携手人民日报新媒体，打造人文关怀满满的“跨界联名”特别活动，通过推出热爱守护者限量罐，记录平凡英雄的热爱故事，在传递热爱精神的同时，见证着家国担当，这背后都是需要做同样的事情，就是讲好一个故事。

是的，小到个人、产品、企业，大到国家，都需要营销，都需要讲故事，而饮料品牌，你可以说是卖饮料的，但是也可以说是卖故事的。它的产品有可能几十年不变，口感一模一样，配方一模一样，但是，每一年，故事都不一样。这次联名营销的产品设计中，包装加入了象征着奉献与热情的红色，同时采用人民日报经典的“报纸色”，还参考报纸的排版模式，勾勒出品牌与人民日报相结合的独特风格。在内容上，将具有代表性的四种职业的“热爱”故事，刻录在瓶身，打造出一版限量联名罐礼盒，将满满的正能量通过罐身传递到生活的每个角落，实现精神理念上的鼓舞，产生了强大影响力。

跨界后的品牌不是单纯的一瓶饮料，而是记载着我们过去半年的抗疫故事，讲述着中国人在这个特殊时期的伟大，是一份精神的象征，这就是我们的情感诉求之一。人们在商超看到这个包装，就会忍不住要买一套，不一定是为了喝，而是为了纪念这个特殊的时期，这也正是跨界营销的魅力。

知识小集市

跨界营销是一种营销方式。“跨界”代表一种新锐的生活态度与审美方式的融合。跨界合作对于品牌的最大益处，是让原本毫不相干的元素，相互渗透相互融合，从而给品牌一种立体感和纵深感。可以建立“跨界”关系的不同品牌，一定是互补性而非竞争性品牌。这里所说的互补，并非功能上的互补，而是用户体验上的互补。由电商引领的新商业时代的到来，促进了消费者结构的变化和零售端的重构，而跨界营销凭借着其低成本、大连接的特点成为新消费环境下极具潜力的营销模式，消费体验成为品牌跨界营销的主要发力点。新一代年青消费者在产品迭代迅速的环境下进行产品购买的抉择，而情感和情怀恰恰是一个缺失的要素。2021 年，消费体验必将面临着新的升级，如何与消费者进行有效沟通，打通二者之间的情感对话渠道，是品牌最需要思考的问题，也是未来营销设计的趋势。

思想小引擎

学无止境，思无止境，总有一些跨界是你想不到的，结合专业谈一谈你的一次跨界行为。

文化小支架

逝者如斯，而未尝往也。盈虚者如彼，而卒莫消长也。盖将自其变者而观之，则天地曾不能以一瞬；自其不变者而观之，则物与我皆无尽也，而又何羡乎？且夫天地之间，物各有主，苟非吾之所有，虽一毫而莫取。惟江上之清风，与山间之明月，耳得之而为声，目遇之而成色，取之无禁，用之不竭，是造物者之无尽藏也，而吾与子之所共适。

（苏轼《赤壁赋》）

释文：不断流逝的就像这江水，其实并没有真正逝去；时圆时缺的就像这月，但是最终并没有增加或减少。可见，从事物易变的一面看来，天地间没有一瞬间不发生变化；而从事物不变的一面看来，万物与自己的生命同样无穷无尽，又有什么可羡慕的呢！何况天地之间，凡物各有自己的归属，若不是自己应该拥有的，即令一分一毫也不能求取。只有江上的清风，以及山间的明月，送到耳边便听到声音，进入眼帘便绘出形色，取得这些不会有人禁止，享用这些也不会有竭尽的时候。这是造物者(恩赐)的没有穷尽的大宝藏，你我尽可以一起享用。

专题六

同学，你应具备的职业精神

职业精神是与人们的职业活动紧密联系，具有职业特征的精神与操守，从事这种职业就该具有的精神、能力和自觉。社会主义职业精神由多种要素构成，它们相互配合，形成严谨的职业精神模式。职业精神的实践内涵体现在敬业、勤业、创业、立业四个方面。

学生的职业精神主要表现为具有积极的劳动态度和良好劳动习惯，具有正确的职业理想，科学的职业观念、良好的职业道德和职业行为，具备理性思维、批判质疑、勇于探索的科学精神，能够正确认识和处理社会发展与个人成长的关系，并做出正确价值判断和行为选择，在社会实践中增长才干。时代不仅呼唤需要有职业精神的企业，而且呼唤有职业精神的员工。

模块十六

看看你身边的劳动模范

悦读导入

2020年11月24日，习近平总书记在全国劳动模范和先进工作者表彰大会上做了重要讲话。他讲道："'不惰者，众善之师也。'在长期实践中，我们培育形成了爱岗敬业、争创一流、艰苦奋斗、勇于创新、淡泊名利、甘于奉献的劳模精神，崇尚劳动、热爱劳动、辛勤劳动、诚实劳动的劳动精神，执着专注、精益求精、一丝不苟、追求卓越的工匠精神。劳模精神、劳动精神、工匠精神是以爱国主义为核心的民族精神和以改革创新为核心的时代精神的生动体现，是鼓舞全党全国各族人民风雨无阻、勇敢前进的强大精神动力。

社会主义是干出来的，新时代是奋斗出来的。这次受到表彰的全国劳动模范和先进工作者，是千千万万奋斗在各行各业劳动群众中的杰出代表。他们在平凡的岗位上创造了不平凡的业绩，以实际行动诠释了中国人民具有的伟大创造精神、伟大奋斗精神、伟大团结精神、伟大梦想精神。"

那么在你的身边有多少这样的劳动模范呢？让我们一起走近这些劳动模范，共同领略他们身上闪现的各种精神。

悦读一

让所有人远离饥饿的袁隆平

悦读提示

他一生致力于杂交水稻技术的研究、应用与推广，发明"三系法"籼型杂交水稻，成功研究出"两系法"杂交水稻，创建了超级杂交水稻技术体系，为我国粮食安全、农业科学发展和世界粮食供给做出杰出贡献。他就是我国著名"杂交水稻之父"、被称为"当代神农氏"的袁隆平。

悦读文章

1930年生于北平的中华人民共和国"杂交水稻之父"袁隆平，是中华人民共和国杂交水稻育种专家，中国工程院院士，被誉为中华人民共和国成立以来贡献最大的农学家。他发扬任劳任怨，艰苦奋斗的精神，也被中共中央、国务院授予“全国劳动模范”的光荣称号。

衣食住行是我们生活中最根本的东西，但这个最根本的东西，在世界各地还有许多地区连吃的东西都无法得到满足，比如非洲很多人所喝的水还都是混杂着泥土的污水。据一些老年人讲，在他们年轻的时候，没有东西吃，只能啃树皮度日。在他们那个年代，能吃得起面条的就已经算是过得很不错了。然而，中国的温饱问题以至于世界上60%的人的吃饭问题被一个“让更多的人吃饱了饭” 的袁隆平解决了。

西南农学院(现西南大学)农学系毕业的他，从 1960 年发现一株“鹤立鸡群”的植株是“天然杂交稻”开始，到 1964 年在试验稻田中找到一株“天然雄性不育株”，经人工授粉后结出了数百粒第一代雄性不育株种子，这使他那颗让更多的人吃饱饭的心越来越强烈，终于 1974 年育种成功。1986 年袁隆平申领国家“863 计划”，经过九年的研究，1995 年两系法杂交水稻取得了巨大成功，使中国的杂交水稻研究水平保持了世界领先水平。1997 年他又开始“中国超级杂交水稻”的研究，又经过六年的研究实验，2013 年，他的“Y 两优 900”中稻平均亩产达 988.1 千克，再创世界纪录。2016 年他研究的“华南双季稻年”亩产高达 1500 千克，又创双季稻产量世界纪录。可以说，袁隆平的每一项研究都是一个壮举，每一个成果，都是对国家和世界人民的贡献。他就是凭借着埋头苦干、不畏艰苦，始终钻进田间地头的科研基本功，闯出了一片新天地。他那不怕失败的劲头始终鼓舞着无数科学家博弈科学的竞技场；他那追求标新立异的精神始终激励着年轻学子勇闯创新的殿堂。

可以说，袁隆平将自己的一生都奉献给了农田，即使收学生也是把是否愿意下农田作为接收的标准。虽然他是知识分子家庭出身的孩子，从小在城市里长大，但他对农田的热爱是他成为“杂交水稻之父”的根。农田成为他开展科学研究的主要场所，因为他始终认为种子优良了，水稻才能根深叶茂，硕果累累。

袁隆平，这位中华人民共和国培养的第一代大学生，身上始终都流淌着家国天下的热血。他将青春年华挥洒在田间地头，即使须眉皓然，仍极力向超级杂交稻的巅峰攀爬。

袁隆平院士是中国杂交水稻事业的开创者，是当代神农。50 多年来，始终在农业科研第一线辛勤耕耘、不懈探索，为人类运用科技手段战胜饥饿带来绿色的希望和金色的收获。他的卓越成就，不仅为解决中国人民的温饱和保障国家粮食安全做出了贡献，而且为世界和平和社会进步树立了丰碑。中国杂交水稻已在世界上 30 多个国家和地区研究和推广，种植面积高达 150 万公顷。应该说，杂交水稻不仅解决了中国人的吃饭问题，而且对世界减少饥饿也做出了卓越贡献。

袁隆平的人生原则是淡泊名利、踏实做人。他知道他和杂交水稻的根都在中国，因此他多次拒绝来自国外的巨薪聘请。他始终把杂交水稻不断带向更高境界的不渝追求作为自己的初心，把“禾下乘凉”和“杂交水稻覆盖全球” 作为自己的使命。

2021年5月，袁隆平院士虽然离开了我们，但他在人们心中分量是如此之重，就像中国科技评选委员会评价的那样："袁隆平是一位真正的耕耘者。当他还是一个乡村教师的时候，已经具有颠覆世界权威的胆识；当他名满天下的时候，却仍然只是专注于田畴。淡泊名利，一介农夫，播撒智慧，收获富足。他毕生的梦想，就是让所有人远离饥饿。"

知识小集市

杂交水稻指选用两个在遗传上有一定差异，同时它们的优良性状又能互补的水稻品种进行杂交，生产具有杂种优势的第一代杂交种，用于生产，这就是杂交水稻。杂种优势是生物界普遍现象，利用杂种优势提高农作物产量和品质是现代农业科学的主要成就之一。世界上首次成功的水稻杂交是由美国人亨利·比舍尔(Henry Beachell)在1963年于印度尼西亚完成的，后被授予1996年的世界粮食奖。

水稻具有明显的杂种优势现象，主要表现在生长旺盛、根系发达、穗大粒多、抗逆性强等方面，因此，利用水稻的杂种优势以大幅度提高水稻产量一直是育种家梦寐以求的愿望。但是，水稻属自花授粉植物，雌雄蕊着生在同一朵颖花里，由于颖花很小，而且每朵花只结一粒种子，因此很难用人工去雄杂交的方法来生产大量的第一代杂变种子，所以长期以来水稻的杂种优势未能得到应用。

2019年10月，第三代杂交水稻在湖南省衡阳市衡南县清竹村以首次公开测产方式全面亮相。

思想小引擎

袁隆平是著名的农学家，他曾说过："人就像种子，要做一粒好种子。"结合你的学习生活实际，谈谈自己的想法。

文化小支架

善学者尽其理，善行者究其难。

君子立志如穷，虽天子三公问正，以是非对。君子隘穷而不失，劳倦而不苟，临患难而不忘细席之言。岁不寒无以知松柏，事不难无以知君子无日不在是。

（《荀子·大略》）

释文：善于学习的人能透辟地认识事物的道理；善于实践的人能把事物中的疑难探究清楚。

君子立志（做人做事）总是穷究无已，即便天子三公有所咨询，也必定堂堂正正地回答，该是就是该非就非。君子穷困而不丧失志气，劳累而不苟且偷安，面临祸患而不背弃平时坐席上说的话。岁月不寒冷就无从知道松柏的坚毅挺拔，事情不危难就无从知道君子的志向远大。作为君子，没有一天不在坚持他所认为正确的东西即道的。

悦读二

从不躺平和懈怠的秦世俊

悦读提示

虽出身航天世家，却从不为此躺平；虽技校毕业，却充满幻想；虽身旁无师，却"偷学"成师；虽环境受限，却创新不断。他就是中航工业哈尔滨飞机工业集团有限责任公司首席技能专家、数控铣工，全国五四奖章获得者——秦世俊。

悦读文章

秦世俊，1982 年出生，父亲是航天人，造飞机的，而且是哈尔滨飞机工业集团的劳模，这让秦世俊从小就为父亲感到自豪，成为像父亲一样的人成了他从小的梦想。然而，他中学毕业后只考上了哈飞技校，学的还是模具钳工，2001 年毕业后又被分到数控铣工岗位。因为他的学历不高，底子又薄，师傅看不上，没人教他手艺，与他想像父亲一样去造飞机的梦想相差甚远。

但秦世俊不像其他孩子一样，从此气馁或躺平，他找准了一个别人都不想干的技术——磨削镗刀。通过观察他发现这个技术纯属手艺活，技术要求又高，车间里没几个人会。于是他下定决心，一定要学会这门技术，这样别人就会对他刮目相看。

想学但没有师傅愿意收他为徒，难道想当个学徒都那么难吗？于是他就偷着观察师傅的动作，观察一段时间后，感觉这项技术好像没那么难。当做完一件递给师傅时，师傅把他狠批了一痛，这种批评实际上就是藐视他，秦世俊受不了这种刺激，回去和父亲一说，父亲的话比师傅更刺激，父亲对他说："一口吃不成个胖子，一天能练成的，也不叫本事。" 他本来就是来学"本事"的，学半天却还不是"本事"，哪能做一个没本事的人呢？

从那天开始，每当下班后，他就一头钻进粉尘漫天、呛得眼泪哗哗流的砂轮间里。因为盯着飞速旋转的砂轮时间过长，秦世俊常常是一抬头，就天旋地转。但秦世俊始终坚持着，一练就是半个月。当他再次将自己的作品呈现给师傅时，师傅的眼神都惊诧了。"小子，观察你一段时间了，挺有韧性啊，想不想跟我学？" 这时秦世俊知道，自己真的"成了"。他终于成了一名高难技术的"学徒"。

接踵而至的是学历不够，制图和编程技术这样的工作他完成不了，他又不想让师傅将他拒之门外，他必须要学习了，于是他报考了东北农业大学计算机专业，开始系统学习了。

秦世俊的学习与众不同，他学习是为解决工作上的难题而学的。"逆向思维"成了他不断创新的思维模式，也为他今后的不断创新打开了方便之门。而这种模式是通过他险些从机床上栽下来的经历换来的。

你看，他逆向思维，解决了“反向采点加工腹板法”，使工厂的生产效率提高了 8 倍多，让零件一次交检的合格率高达 100%；他逆向思维，自制工装、夹具 400 多套；他逆向思维，实现小改小革 715 项，改进零件加工方法 40 多种，150 多条加工程序得以更新，申报多项国家专利，创下了 338 万元的经济效益，正是这种逆向思维的创新精神，使他成为了攻坚克难“专业户”。

秦世俊，新时代产业工人的代表；秦世俊，“中国制造 2025”战略的创业者，正是他身体力行，从不躺平和懈怠的劳模精神，诠释了一名“大国工匠”的崇高品质。

知识小集市

磨削镗刀是一种常见的机械加工方式。常见的机械加工方式有：车削、铣削、磨削、镗、钻、线切割、电火花等。车床加工是机械加工的一部分。车床加工主要用车刀对旋转的工件进行车削加工。在车床上还可用钻头、扩孔钻、铰刀、丝锥、板牙和滚花工具等进行相应的加工。车床主要用于加工轴、盘、套和其他具有回转表面的工件，是机械制造和修配工厂中使用最广的一类机床加工。

思想小引擎

秦世俊用他的逆向思维方式，为企业解决了很多的困难，这种创新思维模式，不仅提升了工作效率，还带来了很多的经济效益。请联系自己的学习生活，看看有哪些方面可以用逆向思维模式。

文化小支架

项王所过无不残灭者，天下多怨，百姓不亲附，特劫于威强耳。名虽为霸，实失天下心。故曰：其强易弱。今大王诚能反其道，任天下武勇，何所不诛！以天下城邑封功臣，何所不服！以义兵从思东归之士，何所不散！

（《史记·淮阴侯列传》）

释文：项王军队所经过的地方，没有不横遭摧残毁灭的，天下的人大都怨恨，百姓不愿归附，只不过迫于威势，勉强服从罢了。虽然名义上是霸主，实际上却失去了天下的民心。所以说他的优势很容易转化为劣势。如今大王果真能够与他反其道而行：任用天下英勇善战的人才，有什么不可以被诛灭的呢？用天下的城邑分封给有功之臣，有什么人不心服口服呢？以正义之师，顺从将士东归的心愿，有什么样的敌人不能击溃呢？

悦读三

用渐冻生命与死神竞速的张定宇

悦读提示

步履蹒跚与时间赛跑，只想为患者多赢一秒；身患绝症与新冠肺炎周旋，顾不上亲人已经沦陷。这一战，你矗立在死神和患者之间。那一晚，歌声飘荡在城市上空：我们用血肉筑成新的长城。他就是用渐冻生命与死神竞速的湖北金银潭医院院长、全国劳动模范张定宇。

悦读文章

2020 年的一场新冠肺炎疫情让全国人民陷入了恐慌，尤其是武汉这座美丽的城市成了此次疫情的重灾区。就在这重灾区里，有着一位战斗者，一名指挥者，也是武汉人民的定心丸，武汉市金银潭医院的院长张定宇，带领医院广大医护人员日夜坚守，果断决策，处理得当，为武汉抗击疫情做出了突出贡献。为此，他被授予“人民英雄”国家荣誉勋章，被评为“感动中国 2020 年度人物”、是 2021 年“中国十大劳模人物”，他真的是人民英雄，他确实感动了中国人民，他也称得上“劳动模范”，因为生命至上、恪尽职守这种崇高的民族精神在他身上熠熠生辉。

生命至上，一个都等不得

张定宇所在的金银潭医院是武汉市最大的一家专科传染病医院，别看它平时很不起眼，面对传染病的到来，这家医院就成了“离炮火最近的战场”，这家医院也成为最早打响抗疫之战的地方。张定宇作为这里的院长，感到了前所未有的挑战。看到一个个转进来的病人，看到逐渐涨满的病房，张定宇院长非常着急，他要求全院所有的护士不许休假，调休时间缩短；他清空了一个又一个楼层，并要求保洁员要及时消毒，不许马虎；他要求保安不许拒绝来院的病人入院，他说：“多收治一个病人，就是多帮助一个家庭。”他下定决心，“快点，再快点，一个都等不得”，这种生命至上的理念，这种迎接困难的勇气，感动着院里每一位员工。虽然他的爱人也被病毒感染上，张定宇都不能及时陪护身边，当他得知这一消息时，他的心一定是疼的。

恪尽职守，用生命守护生命

张定宇院长被同事称为“张铁人”，因为他是在用生命守护生命。作为一名医生、院长、共产党员，张定宇无法停下脚步，但很多不知道的是，他还是一名渐冻症患者。在抗击疫情的战斗中，他时时都在与渐冻症作斗争。他说：“我不能延长时间和生命的长度，但可以让生活更丰满一些!”为了提升自己的生命厚度与质感，他隐瞒了自己的病情，和正常人一样照常上班，照常爬楼梯，当有人发现他走路有问题时，他就以关节疼去搪塞。当有人问他“你都这样了，为什么还这么拼命”时，张定宇的回答是：“我是一个渐冻症患者，双腿已经开始萎缩，全身慢慢都会失去知觉。我必须跑得更快，才能跑赢时间，把重要的事情做完；我必须跑得更快，才能从病毒手里，抢回更多的病人。”他一直这样坚持着，直到他的两腿已经不能保持平衡时，他才和大家说出了真相。

医者无畏，医者仁心。其实越是最艰巨的任务，越将涌现万丈豪情；越是最危险的地方，战斗越英勇。张定宇，这位平凡而伟大的人民英雄，这位感动中国的人物，不仅激励着广大医务工作，更激励着每一位中国，因为他是一位心怀祖国、心有大爱的人，他是生命至上、恪尽职守这种民族精神的践行者。

知识小集市

渐冻症专业术语叫肌萎缩侧索硬化症，是一种特殊类型的运动障碍性疾病，是目前病因不明影响中枢和外周神经的一组临床综合征。患者通常表现为肌无力、肌萎缩。一般20%的渐冻症患者可能与遗传及基因缺陷有关。另外有部分环境因素，如重金属铝中毒等，都可能导致渐冻症的发生。

思想小引擎

2020年全球蔓延的新冠肺炎疫情令人终生难忘，因为它剥夺了许多人的生命，更剥夺了人们的很多自由，但疫情中的“人民英雄”更是令人难忘，张定宇院长的英雄事迹对你有何启发？请你结合自己的生活经历，谈一谈。

文化小支架

圣人无常心，以百姓心为心。善者，吾善之；不善者，吾亦善之，德善。信者，吾信之；不信者，吾亦信之，德信。圣人在天下，歙(xī)歙焉，为天下浑其心。百姓皆注其耳目，圣人皆孩之。

（《老子》第四十九章）

释文：圣人不以自己个人的主观意愿来决断天下事，总是把百姓的意愿视为自己的意愿。品行善良的人我善待他，品行不良的人我也善待他，这才是善良之德，讲信用的人我相信他，不讲信用的人，我也权且相信他，这才是诚信之德。圣人虽说是拥有天下，高高在上，却总是若有所惧，富贵而不敢骄奢，虽说是治理天下，却不敢有自己的主张，只是顺从百姓的意愿而作为。百姓总是瞩目于圣人的一言一行，圣人爱恋百姓，视天下百姓如孩婴赤子。

悦读四

用创造性的劳动推动中国“智造”的王军

悦读提示

他就是一名技校毕业生，但通过自己的努力，成了一名专家技师。他不仅是一名工人，而且是个工人发明家。他把别人认为枯燥的生产线当作自己创新的大舞台。他是一位集知识型、创新性于一身的工人代表，他是全国十大杰出青年岗位能手、第七届全国技术能手，享受国务院特殊津贴，上海宝钢股份热轧厂的技能专家——王军。

悦读文章

1966 年出生的王军，是宝钢技校毕业的一名学生，1987 年分到单位后就是一名平凡得不能再平凡工人——剪刃组装工，这是一个辅助工种，劳动强度大，而且岗薪系数低。很多人都慢慢地离开了这个岗位，因为在这里工作，你永远是个工人。但王军的一个想法让他从一名普通工人走向了高级技师，他认为，要做也得做个优秀的剪刃组装工，支持他的这种理念就是“行行出状元”。

干好活必须动脑筋

虽然王军只是一名普通工人，但他从来不把自己的工人身份看轻。他认为，工人不仅靠体力工作，而且要靠智慧工作。每天上班他都很早到，虚心请教专家。慢慢地，他感受到了，即使再先进的东西，也会有不合理的地方。当剪刃安装出现质量问题时，王军根据自己同专家工作时的所见所闻，轻轻拧动一下螺丝，问题就解决了。当很多人问他怎么知道的，他就说：“ 要把活干好，光有蛮力不行，必须动脑筋。”“再先进的技术，也是可以优化的。”

创新让每个人都能成为发明家

“创新从来不是社会精英、科学家的‘专利’，同样可以成为一线工人的‘专利’”，这是王军始终坚持的创新理念。他认为创新无处不在。就连每天面对的热轧吊装工业垃圾这种非常普通的活，王军都会仔细观察，认真研究。当他看到每次倒垃圾时，现场指挥人员都要爬上两米多高的车顶上，这么耗时又这么危险的工作引起了王军的注意。经过他的钻研，王军仅仅用了 3 个月的时间，就实现了吊装中的自动脱钩，完全避免了人工操作的危险。

1999 年，王军发明的第一个创新成果“飞剪剪刃快速更换法”降低了劳动强度，缩短了停机时间。以前，两个人需要一个半小时更换一个剪刃，现在一人只用半小时就行了。当年人们将此方法被命名为“宝钢集团先进操作法”，这对王军是莫大的激励。从此，王军先后发明先进操作法 5 项、技术秘密 26 项，荣获国家专利 168 项、PCT 国际专利申请 4 项，用他们厂长的话说：“王军就是为创新而生、为创新而活的。”

目标是让“中国制造”走向“中国智造”

发明和创新都很不容易，但王军愿意为此付出。在他的带动下，2008 年，宝钢股份热轧厂成立了由扎根于生产一线的 10 名一线工人和 5 名现场技术人员组成“王军创新室”。因为王军认为：“一人进百步，不如百人进一步。”王军说，“是宝钢点亮了我，我愿意点亮更多的人。”在王军的带领下，高效创新团队，无论是科研效益还是专利申请数，无论是专利效益还是发明专利受理数，无论是发明专利效益还是技术秘密认定数、技术秘密效益，都成了热轧厂无比的骄傲。团队成员不仅得到了成长，也成了工人发明家。每当说到这些，王军都会骄傲地说：“ 如果我们具备了优化改进装备的创造力和活力的话，拥有更好的钢铁技术，我们中国钢铁业就真正成为一个强国了。”因为他们的目标是让“中国制造”走向“中国智造”。

王军，一个技校毕业的普通工人，成了技术发明成就等身的专家，他的激情源于几十年在一线的摸爬滚打，源于他始终保持创新的激情，源于他不断地发现问题，解决问题，直至攻克世界难题。的确如同他说的一样：“人也像钢铁一样，有压力、有热力，才能成才。”

知识小集市

“中国智造”是我国加快推进产业结构调整，适应需求结构变化趋势，完善现代产业体系，积极推进传统产业技术改造，加快发展战略性新兴产业，提升中国“智造”水平，全面提升产业技术水平和国际竞争力的一项重要发展战略。这不仅是当前和今后一段时间经济工作的重要任务，而且需要知识产权在其中发挥应有的支撑作用。

思想小引擎

王军虽是一名技校生，但他的理想不是成为一名普通工人，他希望成为一个工人发明家。你看，经过他的努力，他成功了。你对自己的未来有哪些打算呢？

文化小支架

夫耳之主听，目之主明。一叶蔽目，不见泰山；两豆塞耳，不闻雷霆。

（《鹖冠子 · 天则》）

释义：耳朵是用来听声音的，眼睛是用来看清事物的。一片树叶挡住眼睛，连面前高大的泰山都看不见。两颗豆子把耳朵塞住，连轰轰的雷鸣声也无法听见。

悦读五

三峡通航的“守门人”李然

悦读提示

他不是明星，却比明星更耀眼；他不是领导，却比领导更重要。他就是个平凡人，却以实际行动成就了不平凡的人生。他用 14 年的时间，用微米的精度演绎出工匠的绝技，用国际的标准书写出长江的华章，他就是被誉为“三峡门神”“全国船闸医生”“三峡通航的守门人”——李然。

悦读文章

2005 年，李然硕士毕业后就来到了长江三峡通航管理局，参与这里通航设备的维护、检修工作。这可是世界级顶尖通航设备维护、检修工作，14 年的坚守，让李然成了国内船闸运行检修技术的领跑者。

三峡船闸检修、维护技术可是个苦活累活，劳动强度大，安全风险系数高。人字闸门检修主要靠人力顶升，一扇门的重量就近 900 吨，相当于 14 节高铁车厢，面积约两个篮球场那么大。检修时需要 40 人轮番上，这还要一整天才能完成。在这里，这样的船闸就有 24 个，每个船闸都如同一个个“巨无霸”。面对如此艰苦的工作环境和工作强度，有的人离开了，有的人换岗了，而李然却始终坚守在这里，因为他要运用自己所学的机械专业知识，解决这里闸门顶升的问题，他率先要解决的就是 40 人 24 小时协同完成的高风险工作。

“不吃不喝也要按期搞出来”

这是李然来到这里面临的第一个难题。李然是个“轴”人，可谓众所周知。因为他总记得当初师父和他说的那句话，“一线船闸关闭一天，会有近 30 条船、100 万吨左右的货物受阻，航运企业损失巨大!”李然急了，他坐不住了，“不吃不喝也要按期搞出来”，从此李然一头钻进工棚，一干就是 22 天，每天只休息 4 小时。无论工棚里有多热，无论工棚有多简陋，他都不在乎。他屡败屡试，又屡试屡败，煎熬的心理时刻挑战他面对困苦的极限，最后终于从失败中找到了攻关的奥秘，研制出了“人字门同步顶升系统”，那个用 40 人 24 小时需要人力顶升的人字闸门的高风险工作，变成了仅需 6 人 1 小时就能轻松搞定，极大提升了闸门的检修效率和安全性。记得当年进行了船闸大修，按原来的方式需要 100 天，但这次只用了仅仅 10 天。

“靠天靠地不如靠自己”

“升船机设计采用德国技术，从建设初期起，我们每年与德国专家进行例行技术交流。从开始的向德国人求教，到平等对话，再到建好运行后，他们反过来向我们请教了……”这是李然最自豪的事。

三峡船闸机建设问题，再次考验了李然及其团队的智慧。因为他们在工作中发现，升船机连船带水，升降重量太大；上游水位每天变化超过 3 米时，升降中对接就出现了难度。李然及其团队通过观察发现，是船舶装载量和吃水要求很高造成的。解决这个问题，世界上没有现成的经验可借鉴，只能自己研究，因为“靠天靠地不如靠自己”，李然自信地对其他通航人说。

于是，李然开始组织带领团队，不畏严寒酷暑，迎难而上。他们实施了大小试验上千个，收集了万余组数据，通过扎实研究，他们彻底攻坚源头和底层技术，终于为三峡船闸升船机“量身定做”了一套单波束侧扫式船舶吃水检测装置系统和测速测距一体化雷达，每当船只由此通过，都会自动显示过坝测速、水位高低，完全实现了自动化。船舶过坝时间也由原来的三个多小时缩短到了 50 分钟，船厢升降平稳。该项建设项目 2019 年 12 月完成竣工验收进入正式通航，充分发挥了三峡枢纽“快速通道”的作用，同时也呈现出“大船爬楼梯、小船坐电梯”的壮丽奇景。

正是有了这样的成果，李然一发不可收拾，如今的他已成为全国船闸、升船机行业的发明专家，他为社会创造了价值数亿元的效益，因此有人称他为“三峡门神”“全国船闸医生”“三峡通航的守门人”。

知识小集市

长江三峡是三段峡谷的总称，分别是瞿塘峡、巫峡、西陵峡。长江三峡西起重庆市奉节县白帝城，东至湖北宜昌市南津关，沿途两岸高山对峙，奇峰陡立，跨重庆奉节县、重庆巫山县、湖北巴东县、湖北秭归县、湖北宜昌市，全长 193 千米。

三峡工程，全称长江三峡水利枢纽工程，位于重庆市至湖北省宜昌市之间的长江干流上，是迄今世界上最大的水电工程。

思想小引擎

李然之所以能成为“三峡门神”“全国船闸医生”“三峡通航的守门人”，请你思考一下他靠的是什么？

文化小支架

天称其高者，以无不覆；地称其广者，以无不载；日月称其明者，以无不照；江河称其大者，以无不容。

（三国魏曹植《求通亲亲表》）

释义：天空说它是高的，因为没有什么东西不被它覆盖；大地说它是广博的，因为没有什么东西不是承载在它之上；日月说它们是明亮的，因为没有什么地方它们照耀不到，大海说它是博大的，因为没有什么东西它不包容。

模块十七

培养你的劳动习惯

悦读导入

劳动，是人类社会生存和发展的基础，是人类维持自我生存和自我发展的唯一手段。习近平总书记指出，“人世间的美好梦想，只有通过诚实劳动才能实现；发展中的各种难题，只有通过诚实劳动才能破解；生命里的一切辉煌，只有通过诚实劳动才能铸就。”

劳动是幸福的源泉。从古到今，上到达官贵人，下至平民百姓，崇尚辛勤劳动的人总会得到丰硕的回报。清代名臣曾国藩不仅自己克勤克俭，而且要求家人勤劳俭朴并亲自检查督促，使得曾氏家族百年来成了一个名人辈出、声名远播的华夏望族；一个普通的农家子弟通过辛勤劳动改变了自己的命运，实现了从普通农民打工仔到全国劳模的蜕变。相反地，懒惰者只会自食恶果。

当代中职生肩负着建设祖国的使命，树立正确的劳动观念，养成良好的劳动习惯，才能担起历史赋予的使命，用勤劳的双手创造美好的生活，美好的未来。

悦读一

热爱劳动，成就梦想

悦读提示

劳动是人类社会生存和发展的基础，是成功的必由之路，是幸福的源泉。热爱劳动的人才能收获幸福，因为勤劳能使人保持一种健旺的精神，得到忙碌的快意和收获的喜悦。辛勤劳动和诚实劳动使中华民族拥有了昔日的辉煌和今日的成就。今天，劳动仍是实现中华民族伟大复兴的不竭动力，每个劳动者都应热爱劳动，辛勤劳动，努力奋斗，用勤劳的双手，创造属于自己的幸福生活，成就自己的梦想。

悦读文章

劳动是人类社会生存和发展的基础，是人类维持自我生存和自我发展的唯一手段。劳动创造了人类本身，也创造了巨大的物质财富和精神财富，保证了人类社会的延续和发展。俄国文学泰斗列夫·托尔斯泰曾说过，“人的幸福存在于生活之中，生活存在于劳动之中。”

劳动着的人最幸福。清闲看起来似乎惬意，但其实最容易生出是非，生活中清闲的时间越多，生命潜伏的危机就越大。丘吉尔曾说过，一个人最大的幸福，就是在他最热爱的劳动上充分施展自己的才华。人经过劳动才能日臻完善，领略人生百味。正像劳累一天能带来踏实的睡眠，勤劳的生命能带来愉快的生活。辛勤劳动，诚实劳动，滴滴汗水化丰收，劳动者能够体验到的幸福将绵绵不绝。

劳动就是创造，劳动就是奉献，劳动创造财富，劳动创造幸福，是每个人成功的必由之路，是一切梦想的坚实底座。中华民族历来是一个崇尚劳动、辛勤劳动的民族，因为劳动创造，才拥有了历史的灿烂辉煌；因为劳动创造，才拥有了今天的非凡成就。以中国科技创新为例，“中国天眼”建设完毕，“C919 大型客机”试飞成功，“地壳一号”钻机创造了亚洲国家大陆科学钻井新纪录，中国实现全球首例人体自体肺干细胞移植再生，“复兴号”列车开启中国速度，“墨子号”完成量子纠缠实验，“神舟十三号”成功升空，所有这一切，都是由劳动者的智慧与汗水凝结而成，劳动创造了奇迹，劳动使百姓生活更为便捷，企业发展更具活力，国家实力更加强大！

劳动是实现中华民族伟大复兴的不竭动力。习近平总书记说，实现中华民族的伟大复兴是近代以来中华民族最伟大的梦想。梦想不会自动变成现实，幸福不会从天降，越美好的未来越需要付出艰辛的劳动。劳动是实现民族复兴和国家强大的不竭动力，是实现人民幸福生活的精神支柱。我们生活在一个伟大的时代，一个劳动者大有可为的时代，每个人都应做发展中的奋斗者，创新中的追梦人，踏实做好每一份工作，努力创造一流业绩，展现新时代的新担当新作为。

劳动是幸福的源泉，热爱劳动是拥有幸福生活的前提。劳动开创未来，劳动成就梦想。

知识小集市

“中国天眼”，即 500 米口径球面射电望远镜，英文简称 FAST(Five-hundred-meter Aperture Spherical Radio Telescope)，位于贵州省黔南布依族苗族自治州，借助天然圆形溶岩坑建造，是世界已经建成的最大射电望远镜，工程由主动反射面系统、馈源支撑系统、测量与控制系统、接收机与终端及观测基地等几大部分构成。“天眼”历时 22 年建成，2016 年 9 月 25 日落成启用。至 2019 年 8 月 28 日，“天眼”已发现 132 颗优质的脉冲星候选体。2020 年 1 月 11 日，“天眼”通过国家验收正式开放运行。

思想小引擎

“劳动是幸福的源泉”，你对这句话有切身的感受吗？回想一下你的劳动经历，哪次劳动给你留下了深刻的印象，有什么体会。

文化小支架

田家少闲月，五月人倍忙。夜来南风起，小麦覆陇黄。
妇姑荷箪食，童稚携壶浆，相随饷田去，丁壮在南冈。
足蒸暑土气，背灼炎天光，力尽不知热，但惜夏日长。
复有贫妇人，抱子在其旁，右手秉遗穗，左臂悬敝筐。
听其相顾言，闻者为悲伤。家田输税尽，拾此充饥肠。
今我何功德？曾不事农桑。吏禄三百石，岁晏有余粮，
念此私自愧，尽日不能忘。

（唐代白居易《观刈麦》）

悦读二

铭记“勤劳为要”的劳动家训

悦读提示

曾国藩是晚清四大名臣之一，幼年天资禀赋并不出众，参加了数次科举考试才考取进士，凭借自己锲而不舍的努力走上仕途，为晚清王朝立下了不可磨灭的功绩。这样一位身居高位的名臣，他是否像人们想象的那样养尊处优？他是怎样看待劳动的？他在生活和劳动方面又对家人提出了哪些要求？阅读下面这篇文章，你将找到答案。

悦读文章

曾国藩，字伯涵，号涤生，是中国近代著名的政治家、战略家、理学家、文学家，湘军的创立者和统帅，官至两江总督和直隶总督，与胡林翼并称“曾胡”，与李鸿章、左宗棠、张之洞并称“晚清四大名臣”，是晚清时期最具影响力的人物之一。

曾国藩幼年天资禀赋很普通，参加了数次科举考试，七次才考取秀才，之后三次才考取进士。虽然科举考试的道路漫长且坎坷，但他始终不放弃，凭借自己锲而不舍的努力，走上了仕途，并为晚清王朝立下了不可磨灭的功绩。他用自己的亲身经历告诫子孙，个人

成功与否，天资不是决定因素，勤能补拙是王道。偷懒、贪图安逸是事业失败的根本原因。

曾国藩一生崇尚辛勤劳动，最恨好逸恶劳，他不仅自己身体力行、勤劳俭朴，而且要求家人也要热爱劳动，绝不允许安逸懒惰。在他给兄弟、儿子们的书信中，多次提到“勤”字，无论脑力的，还是体力的，都要“以勤劳为要”，“习劳习苦”。

曾国藩把祖父星冈公平日里的“家训”归纳总结为“书、蔬、鱼、猪、早、扫、考、宝”八个字，并作为治家的准则，前四个字指的是读书、种菜、养鱼、喂猪，为居家之事；后四个字指的是起早、打扫洁净、诚修祭祀、善待亲族邻里，是治家之法。这八件事除了“书、考、宝”讲的是读书、祭祀和对待邻居之法外，其余五件事讲的都是劳作。

曾国藩家族的男子，除用心读书外，还必须参加家事劳动。每个人都要“黎明即起，洒扫庭除”；嫁入曾家的女子，无论身份多么尊贵，都必须参与劳作。曾国藩还为家里的妇人和女儿制定了工作日程表：早饭后，做小菜点心酒酱之类(食事)。已午刻，纺花或绩麻(衣事)。午饭后，做针线刺绣之类(细工)。酉刻，做男鞋女鞋或缝衣(粗工)。在这个日程表后面，曾国藩还提出了工作量的要求，自己要定期检查：食事则每日验一次，衣事则三日验一次，细工则五日验一次，粗工则每月验一次。曾国藩升任两江总督后，要求夫人欧阳氏带头纺纱。堂堂督署后院终日纺车声不绝，曾氏家族的“勤”由此可见一斑。

曾国藩告诫子孙：人败皆因懒，事败皆因傲，家败皆因奢。他在家书中反复阐释做人要“勤”的道理，勉励长子曾纪泽说：“家之兴衰，人之穷通，皆于勤惰卜之。泽儿习勤有恒，则诸弟七八人皆学样矣。”他认为，勤则家“兴”人“通”，惰则家“衰”人“穷”。要做到勤，需持之以恒锻炼。在给次子曾纪鸿的信中说：“勤俭自持，习劳习苦，可以处乐，可以处约，此君子也。”教育儿子把劳动作为生活的一部分，在劳动中得到人生快乐，成就君子人格。

曾国藩曾留下著名的十六字家训：“家俭则兴，人勤则健；能勤能俭，永不贫贱。”意思是说一个家庭只有保持俭朴的传统才会兴旺，人只有保持勤快身体才会更加健康；既俭朴又勤快的人，生活上便永远不会贫贱。他对家人的教育与训诫使他的家族受益匪浅：一百多年来，曾氏家族代代都有杰出人才：曾国藩长子曾纪泽是著名的外交家，次子曾纪鸿是著名的数学家，长孙曾广钧是著名的诗人…… 曾国藩五兄弟的后人至今已经绵延至第八代，但八代人里没有出过一个忤逆之辈，有突出成绩的多达 240 多人，在教育、化学、文学、艺术等多个领域都取得了不凡的成就，构成了一个声名远播的华夏望族，而“勤劳”，是这个望族后人极为重要的品质。

知识小集市

关于晚清中兴四大名臣，历史上有两种说法。说法一：四大名臣为曾国藩、左宗棠、李鸿章、张之洞。说法二：四大名臣为曾国藩、左宗棠、胡林翼、彭玉麟。

思想小引擎

你的家庭有什么样的劳动习惯？你怎么理解曾国藩的“家俭则兴，人勤则健；能勤能俭，永不贫贱”这条家训？你从中学到了什么？

文化小支架

击石乃有火，不击元无烟。人学始知道，不学非自然。万事须己运，他得非我贤。青春须早为，岂能长少年。

（唐代孟郊《劝学》）

悦读三

勤学苦练追求极致

悦读提示

付永伟是一个地道的农家子弟，因家庭贫困，高中毕业后便外出打工，做了一名“北漂”。虽然只是一名普通的投递员，但他专业技能突出，工作细致入微，成了人们眼中的“活地图”和“快手邮差”。是什么样的劳动习惯帮助他成了一名行业的佼佼者？阅读下面这篇文章，你将找到答案。

悦读文章

付永伟出生在河南农村一个普通的农民家庭，因为家庭贫困没有上大学，高中毕业后便来北京闯荡，成了地道的“北漂”，做了3年保安员后，他不甘枯燥乏味的生活，通过应聘成了北京邮政公司新街口投递部的一名普通投递员。然而，在这个世人看起来平凡得不能再平凡的岗位上，他孜孜追求，兢兢业业，不仅获得了北京市总工会举办的“职工职业技能大赛邮政投递员比赛”全能冠军等多项殊荣，而且成了全国五一劳动奖章的获得者。他用辛勤的劳动改变了自己的命运，更谱写了一曲普通劳动者令人动容的奋斗之歌。

刚入职时的付永伟和许多新员工一样，碰到了重重困难，工作起来备感吃力：过戳、套报，手忙脚乱跟不上；送信、送报，对周边环境不熟悉。当老师傅们有条不紊地分拣完邮件，从容迅速地过戳、数套报、整理、归位、打包，拎着邮包进入下一环节时，他仍手忙脚乱找不到头绪，东奔西跑没有效率；老师傅们2小时就能完成的一趟送递，他要3小时，别人已经送完了，他还在数报纸，经常忙得连饭都吃不上。

面对眼前的窘境，付永伟没有退缩，没有气馁，而是选择了勤学苦练。他认为干什么就应该踏踏实实干，就应该努力钻研。他一边观察老师傅的动作，揣摩技术要领，提高分拣速度；一边虚心向周围的同事请教，逐渐掌握了各个环节的操作技巧。为了尽快提高业务技能水平，付永伟每天早早来到单位，给近万件平常印刷品加盖落地日戳、把一千多份报纸过数分段，日复一日，从不懈怠。上万次的手起手落，使他握邮戳的手心磨起了泡，两只手掌一薄一厚，但他的分拣技术却练得炉火纯青，从慢手蜕变成了第一名。对于邮递员来说，熟悉道段是提高递送速度的关键，为了使工作路线烂熟于心，付永伟下了很大功夫。新街口地区是付永伟的工作范围，有几条胡同形成井字格局，不熟悉的人2小时也绕不出来。付永伟便每天下班后“加练”，反复走，反复记，反复研究，最后研究出了自己的“付氏路线”，只用20分钟就能走遍“井字格”，并且不走重复路。功夫不负有心人，夜以继日的苦练把当初的“笨鸟”练成了全北京数一数二的“快手邮差”。在2010年北京市总工会举办的“职工职业技能大赛邮政投递员比赛”上，付永伟以6分54秒数拆套报200份、2分12秒函件加盖戳200封的成绩获得大赛全能冠军。

付永伟每天的工作是这样的：早上6点到单位，将刚出厂的报纸套成完整的一份，数好份数；给每一份印刷品盖上落地戳；7:30骑上自行车，载着几十千克重的印刷品出发，将当天的报纸和信件送到用户手中。这样的流程，一天早中晚重复三遍。同样的路线、同样的流程，付永伟一干就是12年。12年间，他一共投交邮件报刊近一百万份，无一差错；他不仅自己钻研业务成为行家里手，而且主动当小教员帮带新人；他随时记录拆迁、地址变更用户的信息，将无数封死信复活；他热心帮助行动不便的苏大爷，给孤独的老人送去温暖；他几乎熟悉单位所有的投递路线，被大家亲切地称为“活地图”；以他的名字命名的“付永伟投递业务操作法”为提升投递员技能水平提供了指导。

工作以来，付永伟先后获得了北京青年五四奖章、首都劳动奖章、首都精神文明建设奖、全国五一劳动奖章等多项荣誉，成了“北漂”中的楷模。热爱工作、善于钻研、勤于努力、追求极致的劳动习惯成就了今天的付永伟，一块块闪闪发光的奖牌便是对他最好的认可和褒奖。

知识小集市

邮政业务知多少？

根据《邮政法》规定，邮局的业务范围主要包括：国内、国际邮件的寄递业务和邮件的特快专递业务。国内邮件是指在中华人民共和国领域内互寄的邮件，其中寄自或者寄往香港、澳门、台湾地区的邮件称港澳台地区邮件；国际邮件是指中华人民共和国与其他国家、地区之间互寄的邮件和其他国家、地区通过中国境内经转的邮件。

国内报刊发行业务。该业务是指报刊社委托邮政企业发行报纸、杂志的业务。

邮政储蓄、邮政汇兑业务。该业务是邮政企业为国家积聚资金、沟通经济往来所经办的金融业务，由邮电部统一管理，并按照国家有关规定，在金融业务上接受中国人民银行的指导。

思想小引擎

读了付永伟的奋斗故事，哪一点给你留下的印象最深？你有什么感想？你打算如何通过劳动成就自己？

文化小支架

何事居穷道不穷，乱时还与静时同。
家山虽在干戈地，弟侄常修礼乐风。
窗竹影摇书案上，野泉声入砚池中。
少年辛苦终身事，莫向光阴惰寸功。

（唐代杜荀鹤《题弟侄书堂》）

悦读四

刻苦钻研，不断创新

悦读提示

一个普普通通的码头工人，却练就了一身的绝活，“一钩准”“一钩净”是他的发明；“振超效率”“精品航线”是他和团队共同的创造。阅读下面的文章，探索许振超这位朴实的“老码头”，如何用自己的实践写下“振超精神”，为工匠精神注入新的时代内涵。

悦读文章

“好好干，当一个好工人，这就是我的初心，是我这一辈子的追求。”这是青岛港集团集装箱有限公司桥吊队队长、金牌工人许振超曾说过的一句话。这样一句朴实无华的话，诠释了许振超“当一个好工人”的人生追求，他凭借勤奋好学，成了一名“桥吊专家”；凭借勤学苦练，成了码头上人人知晓的“许大拿”。

1974年，只有两年初中文化的许振超来到青岛港，成了一名码头工人。那时港口装卸作业方式属于半机械化，机械不能完成的，要由码头工人辅助完成，体力劳动繁重、工作危险而且劳动强度非常大。许振超立志要改变自己这种流大汗、受大累的命运。

1984年，青岛港组建集装箱公司，许振超由于早早做了准备，凭借过硬的技能和对设备理论的熟知，被选为第一批桥吊司机。经过苦练，他成功练就了“一钩准”“一钩净”等多项绝活，树立了一大批具有社会影响的“绝活”品牌。

“一钩准”是许振超的绝活之一。集装箱上有4个锁孔，从几十米高的桥吊上把在空中摆荡的吊具放下去，一次把琐眼都对齐，并把集装箱抓牢靠，难度非常大，但是，许振超凭借“钩头起吊平稳，钢丝绳走一条线”的诀窍，刻苦训练，坚持不懈，做到了这一点。

“一钩净”是许振超的又一项发明。在青岛港开吊车的司机，都知道要做到“稳”很不容易，特别是落钩，操作不好货物就会撒漏。如何才能不让货物撒出来？许振超开始练习，苦练了半年后，终于做到了吊具一钩下去，货物一点不撒，他把这种技术起名为“一钩净”。铁路运粮食时，对装车的标准要求非常高，粮食要在车厢内打个高出车厢80厘米的尖，工人们称其为“龙骨”。打这个“龙骨”很难，坡面平滑、坡度合适，盖上篷布后才能不存雨水。许振超用他的“一钩净”，把这些问题解决了。

2003年，许振超带领桥吊队，仅仅用时6小时15分钟，就完成了“地中海阿莱西亚”轮3400个标准箱的装卸，创立了单船效率339自然箱和每小时单机效率70.3自然箱的世界纪录。此后五年，许振超又带领团队先后七次打破集装箱装卸世界纪录，“振超效率”享誉全球。

远洋航线对装卸时间要求非常高。有一条航线，当时顾客给许振超团队的时间是6～8小时完成装卸，如果完不成，人家立刻开船走，他们就会丧失机会。第一个航次要求8小时，许振超团队在6小时完成了；第二艘船要求8小时，他们5小时干完了；第三条船，虽然装卸过程出现了问题，但在紧急处理好故障后，仍然在8小时内完成了装卸任务。连续做了三个航次以后，青岛港拥有了“漂亮”的口碑和影响力，这条航线也被评为“精品航线”。

除了不遗余力地提高效率、练绝活外，许振超还不断学习，勤于思考，勇于创新。他在冷藏集装箱上加装了节电器，全年节约电费600万元；他带领组织团队进行了轮胎吊“油改电”等技术改造，年节约资金2000万元以上，尾气和噪声污染接近于零……

如今的许振超，虽年过七旬，仍经常在青岛港为他设立的“许振超大师工作室”里，和新一代码头工人一起开展以高效服务为目标的创新。长期坚守，不断创新，许振超这位朴实的“老码头”，用自己的实践，写下“振超精神”，为工匠精神注入了时代内涵。

知识小集市

桥吊：因为样子像一座桥，所以顾名思义叫“桥吊”。桥吊一般分两种：一种是建筑工地上用的，只有一个支撑点的，我们俗话说叫“塔吊”；另一种则是在港口码头用的，有一个或多个支撑点，是码头上用来进行装卸作业的起重机，是码头的心脏力量，桥吊作业能力决定着一个码头的货物吞吐能力。

思想小引擎

许振超成功练就了“一钩准”“一钩净”等多项绝活，树立了一大批具有社会影响的“绝活”品牌。读了这句话，了解了许振超的绝活，你有什么感想？

文化小支架

自古明王圣帝，犹须勤学，况凡庶乎！此事遍于经史，吾亦不能郑重，聊举近世切要，以启寤(wù)汝耳。士大夫之弟，数岁已上，莫不被教，多者或至《礼》《传》，少者不失《诗》《论》。及至冠婚，体性稍定，因此天机，倍须训诱。有志向者，遂能磨砺，以就素业；无履立者，自兹堕慢，便为凡人。人生在世，会当有业，农民则计量耕稼，商贾则讨论货贿，工巧则致精器用，伎艺则沉思法术，武夫则惯习弓马，文士则讲议经书。

（《严氏家训》）

释文：从古以来贤德的帝王仍需要勤奋学习，何况是普通百姓呢！这类事情普遍见于史书，我不能一一列举，举些近代重要的例子，来启发提醒你们。士大夫的子弟，从几岁开始，没有不受教育的，学得多的，读到《礼记》《左传》；学得少的，也读了《诗经》和《论语》。成年以后，等体质性情逐渐定型，趁这个时候，应该加倍教训诱导。有志向的，就能经受磨炼，成就大业；没有志向的，从此懒散，成为庸人。人活在世上，应当有擅长的事业，农民考虑耕稼，商人讨论货物财富，工匠擅长制造器物，手艺人考虑方法技术，武夫练习骑马射箭，文人研究讨论经书。

悦读五

吃苦耐劳，诚实劳动，创造性劳动

悦读提示

你热爱劳动吗？你认为劳动对人来说重要吗？你平时都进行哪些劳动？作为中职生，你应该养成哪些劳动习惯？阅读下面这篇文章，看一看中职生应当具备的劳动习惯。

悦读文章

劳动在人类生存和发展过程中的重要性不言而喻。俄国著名教育家乌申斯基曾说过，劳动是人类存在的基础和手段，是一个人在体格、智慧和道德上臻于完善的源泉。然而，在今天中国的校园里，却出现了下面一些令人难以置信的怪现象：有的学生从来没有做过家务，有的学生不会洗衣服，有的学生对着带壳的熟鸡蛋无从下手，有的学生衣来伸手，饭来张口，离开父母，生活无法自理……中职生肩负着祖国的未来和希望，如果不具备基本的自理和劳动能力，如何能担负起建设祖国的重任？树立正确的劳动观念，养成良好的劳动习惯，是中职生的首要任务之一。

中职生应该认识到，劳动是生存之本，是一切成功的必由之路，是创造价值的源泉。古代哲学家、教育家、科学家墨子教育弟子说，“食者国之宝也”“民无食则不可事，故食不可不务也”。在墨子看来，民不可无食，食必须通过劳动获得。马克思曾指出，任何一个民族，如果停止劳动，不用说一年，就是几个星期，也要灭亡。习近平总书记强调，“要在学生中弘扬劳动精神，教育引导学生崇尚劳动、尊重劳动，懂得劳动最光荣、劳动最崇高、劳动最伟大、劳动最美丽的道理，长大后能够辛勤劳动、诚实劳动、创造性劳动。”历尽磨难的中国人民 从站起来到富起来，再到强起来，生活发生了翻天覆地的变化，这一切，都是靠辛勤劳动换来的。

中职生应具备自我服务和服务他人的劳动习惯。自我服务是最简单的日常劳动，是每个人都应当履行的义务和应具备的习惯。自己的事情自己做，如对自己的学习负责，自己洗衣服、整理房间等，是所有中职生最起码的职责。除了打理好自己的生活外，中职生在家应做适当的家务，如打扫卫生、做简单的饭菜、维护家用电器等；在学校应积极参加劳动活动，打扫教室或校园卫生，维修桌椅，清洁实习实训场所和设施设备等。此外，中职生还应当多参加社会公益性劳动，关心社会利益，服务他人，服务社会，增强社会责任感，真正理解“人人为我，我为人人”的思想内涵。

中职生应具备吃苦耐劳的劳动习惯。吃苦耐劳是取得成功的秘诀，是每一位走向成功的人都应当具备的基本素质和基本条件。天下没有免费的午餐，一分辛劳一分收获，只有付出艰辛的努力，成功才会垂青于你。金牌焊工高凤林、农民工楷模巨晓林、深海“蛟龙”守护者顾秋亮，“航空”手艺人胡双钱等大国工匠，之所以能够技艺精湛、跻身“国宝级”技工行列，成为一个领域不可或缺的人才，靠的就是吃苦耐劳、钻研、专注与磨砺。

中职生应具备诚实劳动的习惯。一步一个脚印、实实在在地劳动，运用脑力或体力有效地改造世界，不弄虚作假，不投机取巧，不搞形式主义、不偷奸耍滑、不破坏劳动工具、遵守劳动纪律，身体力行，切忌夸夸其谈，不做实事。

中职生应具备创造性劳动的习惯。在工作过程中不满足于重复性的劳动，要善于发现问题、勤于思考、善于总结，注重劳动过程中的创新性和变革性，追求以创新的方式解决问题，优化工作流程，提高工作效率，创造更多的价值。

毛泽东曾说过，社会主义制度的建立给我们开辟了一条到达理想境界的道路，而理想境界的实现还要靠我们的辛勤劳动。中职生是祖国未来的劳动者，是社会发展的潜在动力，若想毕业后在社会上找到立足之地，成为高素质的劳动者和技能型人才，就必须重视劳动习惯的培养，用辛勤劳动创造自己美好的人生。

知识小集市

墨家是诸子百家之一，是中国东周时期的哲学派别，与儒家、道家共同构成了汉民族的三大哲学体系。

墨家约产生于战国时期，创始人为墨翟（墨子），代表人物有墨子、禽滑厘、田鸠等。墨家的主要思想主张是：兼爱（人与人之间平等相爱）、非攻（反对侵略战争）、节用（反对铺张浪费）、天志（掌握自然规律）等。

墨家是一个纪律严密的学术团体，其首领称“钜子”，其成员到各国做官必须推行墨家主张，所得俸禄也必须向团体奉献。墨家学派有前期和后期之分：前期思想主要和社会政治、伦理及认识论问题相关，关注现世战乱；后期在逻辑学方面有重要的贡献，开始向科学研究领域靠拢。

思想小引擎

你是一个热爱劳动的中职生吗？你平时有哪些好的劳动习惯？你周围的同学有哪些好的劳动习惯？读了这篇文章后，你有哪些新的收获？

文化小支架

1. 言不信者，行不果。
2. 法不仁，不可以为法。
3. 诚信者，天下之结也。
4. 食必常饱，然后求美；衣必常暖，然后求丽；居必常安，然后求乐。
5. 天下兼相爱则治，相恶则乱。
6. 食者国之宝也，兵者国之爪也。
7. 天下有利则治，无义则乱。

（《墨子》）

模块十八

开发你的创新思维

悦读导入

党的十八大以来，习近平总书记对创新发展给予了高度重视，在多次讲话中反复强调“创新”，内容涵盖了科技、人才、文艺等多个方面。创新是人类社会发展的不竭动力，没有创新就没有人类的进步和未来，提高创新意识和创新能力，关系到国家的兴衰成败。大到治国理政，小到衣食住行，只要认真观察、细心思考、勇于突破，就会发现生活中处处都有创新的契机。青少年肩负着未来建设祖国的重任，应当努力培养创新精神，提高创新能力，把自己铸造成符合国家需要的人才。在创新方面，一代代敬业精业、技术精湛、勇于担当、敢于突破、善于创新的优秀劳动者为青少年树立了良好的榜样。他们的故事向世人证明，没有毫不费力、唾手可得的创新，过硬的技术、勇于担当的精神、勤奋的工作，永远是创新的前提和保证。

悦读一

青少年应具备创新意识和科学思维

悦读提示

创新是什么？创新就是提出新思想、新观点、新方法或进行发明创造，也就是抛开旧的，创造新的。你是一个喜欢创新、善于创新的人吗？作为新时代的青少年，你怎样才能培养自己的创新精神，提高自己的创新能力？带着思考阅读下面这篇文章，试着找出属于你自己的答案。

悦读文章

何为创新？创新即抛开旧的，创造新的，指综合运用知识，理性分析信息，适当发展技巧，提出新思想、新观点、新方法或进行发明创造。创新有三层含义：一是更新，二是创造新的东西，三是改变。没有创新就没有人类的进步和未来，整个人类历史就是一个不断创新、不断进步的过程。创新是一个国家兴旺发达的不竭动力，提高创新意识和创新能力，关系到国家的兴衰成败。青少年是国家的未来和希望，应努力培养创新精神，提高创新能力，把自己锻炼成为国家有用的人才。

那么，青少年如何培养自己的创新精神和创新能力呢？

首先，青少年应该对任何事物都保持好奇心。陆登庭曾说过，如果没有好奇心和纯粹的求知欲为动力，就不可能产生那些对人类和社会具有巨大价值的发明创造。一个好奇心强、求知欲旺盛的人，往往勤于钻研，勇于创新。青少年应对事物有敏锐的洞察力，善于在生活中发现问题，观察不同事物之间存在的联系，敢于提出问题，那么最终的解决办法就是一种创新。科学上最重大的创新大都是由好奇心推动的：牛顿发现了万有引力定律，爱迪生有了无数发明创造，居里夫人发现了镭，达尔文写出了《物种起源》，这一切伟大的发明创造，都和好奇心有着不可分割的关系。好奇心是创新的动力和源泉，是创新人才最重要的素质。

其次，青少年应敢于对所学习或研究的事物提出质疑。不要迷信书本和权威，也不要认为被人验证过的知识都是真理，要敢于根据事实和自己的思考，向书本和权威提出质疑，敢于标新立异、大胆假设，不要被思维固化，学会跳出思维的局限看待事物，透过表面现象去寻找问题的本质，不把任何事情看作必然的过程，也不把现实当作理所当然的结果。许多科学家正是从质疑开始，才完成了对旧知识的摒弃和对谬误的否定。正是由于哥白尼对"地心说"的质疑，才揭开了我们所处星球的真相，推动了科学革命。质疑是发自内心的创造潜能，它激发人们去钻研，去探索。质疑，是一切创新的出发点。

最后，青少年应具备创新意识和科学思维。创新意识是指人们根据社会和个体生活发展需要产生出来的创造前所未有的事物或观念的动机，以及在创造活动中表现出来的意向、愿望和设想。创新意识是创造内容形成和创造活动开展的基础，可以激发人产生对"事物"的思考、怀疑和探索。人的创新意识一旦形成，就会产生创新的欲望和自觉性。因此，青少年在学习过程中要特别关注和激发自己的创新意识，培养学习的积极性、主动性和对问题的敏感性，在更深层次上理解创造的意义，并以此来激发自己的创造动机，培养创造兴趣。在具备创新意识的同时还要培养科学思维，在学习和运用知识的过程中，获得并发展自己的归纳思维与演绎思维，求同思维和求异思维，发散思维与聚合思维，量变思维与质变思维。面对同一问题，从不同的角度去思考，扩大自己的认知范围，才能不断创新。

创新的道路从来不会一帆风顺。即使是一个小创意、小方法，在实践的过程中也可能会遇到种种困难，层层障碍。青少年应明确自己肩负的责任，努力学习、勤于实践、敢于质疑、敢为人先、坚定信心，为创新打下牢固的基础，提高创新意识和创新能力，为将来投身祖国建设做好充足的准备。

知识小集市

万有引力，全称为“万有引力定律”，1687 年由牛顿发现，是物体间相互作用的一条定律。任何物体之间都有相互吸引力，这个力的大小与各个物体的质量成正比例，而与它们之间的距离的平方成反比。如果用 M_1、M_2 表示两个物体的质量，r 表示它们间的距离，则物体间相互吸引力为 $F=\frac{GM_1M_2}{r_2}$，G 称为万有引力常数，也可简称为引力常数。

万有引力定律的发现，是 17 世纪自然科学界最伟大的成果之一。它把地面上物体运动的规律和天体运动的规律统一了起来，对后来物理学、天文学的发展具有深远的影响。它第一次解释了一种基本相互作用的规律，是人类认识自然界的一座里程碑。

思想小引擎

你是一个循规蹈矩的人，还是一个善于创新的人？你认为青少年应该怎样培养自己的创新精神和创新能力？

文化小支架

治国有常，而利民为本；政教有经，而令行为上。苟利于民，不必法古；苟周于事，不必循旧。

（《淮南子·氾论训》）

释义：治理国家有不变的法则，但最根本的是让人民获利；政治教化也有固定的模式，但最紧要的是让政令畅通无阻。人们应该基于当下现实，如果百姓能够获益，不必效法古代规定；如果能把事做得体，也不必遵循旧法。

悦读二

走出思维定势，让思维灵活多变

悦读提示

在生活和学习中，当你碰到困难或不便时，你一般会怎么做？是墨守陈规、按部就班，还是力求改变创新？如何才能做到创新？阅读下面这篇文章，看看清洁工人和建筑工人是如何做到创新的。

悦读文章

创新是引领发展的第一动力，是人类特有的实践活动和实践方式。自诞生的那一天起，人类就从不满足于现状，总会在现有基础上，不断改进，日臻完善。纵观人类社会发展史，每一次重大变革，每一次向未来迈出一大步，创新都是推动这一进步的核心力量。可以说，创新是社会进步的最主要动力之一。

作为推陈出新的创造性实践活动，创新的内容十分丰富，大到国家的政治、经济、军事、外交，小到百姓衣食住行，生活中的所有领域，都存在着创新的问题，都有创新的可能和机会。创新不是一个多么高大上的概念，也不是一件难于登天的事，每一个普通人，只要认真观察、细心思考、勇于突破，就会发现，其实生活中处处皆可创新。

从前，有一家酒店的生意越做越红火，客人来来往往，上下楼等电梯的时间很长，非常不便。原来的电梯不够用了，老板决定再增加一部，于是请来了专家，研究安装电梯的方案。专家经过研究认为，唯一的安装办法是在每层楼都打个洞，直接安装新电梯。

一位正在扫地的清洁工恰巧听到了专家商谈工程的细节，随口说了一句："每层楼都打个洞，肯定到处都弄得乱七八糟、尘土飞扬的。"专家不无惋惜地答道："这没办法啊，没有更优的方案，谁让当初设计酒店时电梯装得少呢?"清洁工看了看专家，说："我要是你们，就把电梯装在楼外面。"

听了清洁工的话，专家们先是陷入了沉思，然后立刻为清洁工的这一提议拍案叫绝！从此建筑史上诞生了一个新事物——室外电梯。

专家陷在思维定势中，只能想出在室内安装电梯的方法，虽然清洁工没有高深的建筑理论，但他不迷信经验和权威，善于观察，敢于突破思维定势，大胆设想，才有了室外电梯这样的创新解决方案。可见，只要善于思考，人人都可能成为创新者。

一家小建筑公司在为一栋新楼安装电线时碰到了困难：他们要把电线穿过砌在墙里的10米长的管道，管道直径只有3厘米，并且拐了4个弯，用常规办法根本无法解决这个难题。这时一个爱动脑筋的装修工想出了一个新颖的主意：他买了一公一母两只白鼠，分别放在管道的两端，把电线系在公鼠的腿上，然后轻捏母鼠，使母鼠发出吱吱的叫声。公鼠立刻沿着管道跑去找母鼠，电线也被拖到了管道的另一端，穿电线的难题迎刃而解。爱动脑筋的装修工得到了公司的嘉奖。

一个看起来似乎无法解决的难题，因为一个小小的创新思维得到了解决。在我们的工作和生活中类似的情况还有很多，当原有的工作或思维模式无法突破瓶颈时，就应该尝试创新了。创新，可以使我们摆脱束缚，迈向全新的高度，取得更大的进步。创新无处不在，创新使我们得生活更加美好。

知识小集市

电梯的分类方法有很多，根据不同分类方式，分出来的电梯类型有所不同：

1. 按用途分类：可分为乘客电梯、载货电梯、杂物电梯、观光电梯、医用电梯、船舶电梯、车辆电梯、建筑施工电梯以及一些特殊用途的电梯。

2. 按速度分类：可分为低速梯、中速梯、高速梯和超高速梯。

3. 按控制方式分类：可分为按钮控制电梯、手柄开关操纵电梯、信号控制电梯、集选控制电梯、并联控制电梯以及群控电梯。

4. 按驱动方式分类：可分为直流电梯、交流电梯、齿轮齿条电梯、液压电梯和螺杆式电梯。

5. 按是否有司机分类：可分为有司机电梯和无司机电梯两种。

思想小引擎

你怎么理解创新是引领发展的第一动力？你有什么样的创新经历？创新之后有什么样的收获？和大家分享一下。

文化小支架

满眼生机转化钧，天工人巧日争新。
预支五百年新意，到了千年又觉陈。

李杜诗篇万口传，至今已觉不新鲜。
江山代有才人出，各领风骚数百年。

只眼须凭自主张，纷纷艺苑漫雌黄。
矮人看戏何曾见，都是随人说短长。

少时学语苦难圆，只道工夫半未全。
到老始知非力取，三分人事七分天。

诗解穷人我未空，想因诗尚不曾工。
熊鱼自笑贪心甚，既要工诗又怕穷。

（清代赵翼《论诗五首》）

悦读三

挑战不可能——工程师戴天方的故事

悦读提示

你听说过戴天方吗？他工作兢兢业业，技术精湛，善于创新，是全国劳动模范，全国五一劳动奖章获得者，以他为核心组建的“戴天方工作室”被批准成为“北京市首席技师工作室”，他所在的班组被中华全国总工会授予“工人先锋号”称号。阅读文章，感受戴天方的成长经历，体味创新离不开勤奋的道理。

悦读文章

古人言：“一勤天下无难事。”“业精于勤而荒于嬉”“一分耕耘一分收获”，只有付出辛勤的劳动，才能获得丰硕的成果。创新也是如此。古往今来，大到改变历史进程的改革创新，小至给生活带来便利的改良创意，无不是勤奋思考、勤于实践的结果。21 世纪的中国，“中国制造”逐步转向“中国智造”，新工艺、新技术、新产品层出不穷，所有这一切的实现，都是千万劳动者持续坚守、勤奋磨炼、扎实钻研、锐意创新的结果。戴天方便是勤奋创新者中的一员。

1989 年，戴天方 19 岁，从技校毕业后直接来到 239 厂，成了厂里的一名普通的职工。从入职那一天起，他就保持着勤奋敬业的工作态度和习惯，仅 4 年时间，就通过自学练就了异形薄壁加工、非圆截面舱体加工的绝活，同事们戏称他为“戴一刀”。

戴天方不仅工作认真，技术过硬，而且喜欢琢磨手里的活，搞些小发明创造。从相对简单的三轴联动、四轴联动，到可加工复杂曲面的五轴联动龙门式加工中心，他把技术练得炉火纯青，把设备使用得得心应手，把产品做得巧夺天工，经他加工的产品，件件都可以称为工艺品。戴天方不但善于充分利用现有的生产资源，而且经常将废旧工装进行改造后使用，他的万向节百分表架、五轴铣头拆卸工具、超大直径孔镗刀盘等小发明为厂里节省了数万元的成本。

和常规工作相比，戴天方更喜欢挑战有难度的任务。在负责某航天产品尾舱的加工过程中，他突破加工难点，反复调整切削数据，采用多层面、小切深、快进给等工艺，克服了舱体切削易变形等问题，提高了加工精度，把原本 30 小时的加工时间，硬是缩短到了 10 小时。

在加工某新研制的重点产品油箱铸造模具时，戴天方运用高超的技术，设计新型工装，使油箱总体合格率从 16%提升至 86%，10 天完成了 11 个月的工作量，给单位创造了千万元级的经济效益。

某巡航型号油箱舱进入研制阶段，重量超标和壁厚超差的问题让戴天方所在的研究团队一筹莫展。戴天方毫不气馁，尝试使用新方案，改变工装、改进刀具、改变加工模式、改变装夹方式……他日夜冥思苦想，带领大家反复实验，终于使新的加工方案逐渐趋于成熟，产品最低重量记录一次次被刷新，产品壁厚精度飞跃性地发展到按微米级控制，最终实现了产品从研制到小规模批产，再到大规模装备部队。2014 年，该型号油箱的集成制造技术被评为当年的国防科技进步一等奖。

戴天方在工作中不仅自己精益求精、力求突破创新，而且总是把经验毫无保留地传授给徒弟。2008 年 12 月，中国航天科工集团以戴天方的名字命名了其所在的 239 厂机械加工部数控三组。短短几年，这个班组培养了五位班组长，数位高级技师。2014 年，戴天方技能大师工作室共完成工艺优化 87 项，完成年度策划目标的 108.7%。2018 年该工作室晋升为国家级技能大师工作室。

业精于勤，从生疏走向纯熟，需要汗水的浇灌；新始自心，从纯熟迈向创新，需要不懈的追求。20 多年来，戴天方凭借领先的创新理念、丰富的加工经验，通过改进工作方法为企业节约成本近千万元，先后获得了全国劳动模范、全国五一劳动奖章等荣誉，在平凡的岗位上书写出了不平凡的人生。戴天方的成功再次向我们证明，创新离不开勤奋，创新需要挑战不可能。

知识小集市

五轴联动是数控术语，联动指的是数控机床的轴按一定的速度同时到达某一个设定的点。五轴联动是指在一台机床上至少有五个坐标轴(三个直线坐标和两个旋转坐标)，而且可在计算机数控(CNC)系统的控制下同时协调运动进行加工。

思想小引擎

你认为戴天方是一个什么样的人？他的哪些经历给你留下了深刻的印象？你有什么感想？你怎么理解创新离不开勤奋？

文化小支架

多读古书开眼界；少管闲事养精神。
过眼寸阴求日益；关心万姓祝年丰。
阶下青松留玉节；夜来风雨作秋声。
删繁就简三秋树；领异标新二月花。

（清代郑燮《赠君谋父子》）

悦读四

精湛技术撬动国之重器
——全国技术能手贺潇强的创新故事

悦读提示

刚入厂时，贺潇强很不喜欢普通的铣床和简单的“打方”工作，认为工作太简单落后，但看到自己加工完的毛坯料都不合格时，他突然领悟到：没有过硬的基本功，就不可能有精湛的技术。自此，他苦练技能，攻坚克难，突破创新，历练成为一名全国技术能手。阅读下面这篇文章，探访贺潇强的成长之路。

悦读文章

贺潇强是中国航天科工三院159厂机加分厂数控铣工，他的主要工作是为导弹加工精密部件，曾先后多次承担被誉为“国之重器”产品的研制生产工作，在重要核心部件的技术攻关、制造仿真等方面取得了卓越的成绩。

2012年年底贺潇强刚参加工作时，师父分给他一个手摇的普通铣床，让他干最基础的磨刀、磨钻头和“打方”工作，他认为这项工作太落后，备感失望。但他万万没有想到，当师父对他加工完的毛坯料进行测量时，竟没有一件产品是合格的，50毫米的边长最大误差2毫米。面对残品，贺潇强突然领悟到，对平面的粗加工是各项技能的基础，没有反复的练习，就无法保证产品精度。师父让他练习基本功，就是为了让他的心沉静下来，让他更深刻地理解航天产品的高标准和严要求。从那以后，他总会细心保存报废零件并反复拆解实验，苦练基本技能，不断追求完美。

有了过硬的核心本领，每每碰到技术攻关项目，贺潇强都信心十足，并且总是力求用创新的方法解决问题。有一次加工一个异形零件，需要近30把刀具，包含5道工序，按常规方法，根本不可能在10小时内完成工作。为提高工作效率，贺潇强提出采用高速切削的方式，师父认为风险太大，坚决不同意他的做法。但贺潇强坚持尝试新方法，重新设置程序，利用设备和零件本身的特点，减少刀具吃刀量，用“浅吃快跑”的方式进行加工。试切结束，师傅看到他试切的数据后，最终同意了他的方案，接下来两人通力合作，提前完成了紧急任务。

几年来，贺潇强在工作中总是在不断摸索钻研创新，力求最大限度发挥机床的作用。他大胆尝试了五轴高速切削，使某型号零件的加工效率提升了近9倍；自主优化了框架零件加工程序，设计出“旋风铣”的加工路径，使框架的加工效率提升了2倍。为了将机床功能发挥到极致，手头的技术材料几乎被他翻烂，他发现并提出的90多个问题全部解决。

2020 年 4 月疫情期间，他主动要求到偏僻的靶场工作。在做准备工作时，技术人员发现两个零件的间隙异常，需要用数控机床返修，但现场根本没有可用的数控机床。在当时的情况下，只有两个选择，要么把零件带回北京返修，要么去周边寻找数控机床，但两个选择都不尽人意。贺潇强大胆地提出了利用普通钻铣床加工零件的想法，大家都觉得太冒险。但他凭借自己七年多的加工经验，创新加工方法，彻底解决了问题。一旁的老师傅由衷地赞叹道："我工作 20 多年了，几乎没用过百分表精确找正的方法，小伙子有作为，不愧是干航天精品的！"

从新手到老手，从老手到高手，从高手到工匠，他默默耕耘，用妙手练就过硬的技术，用创新突破传统的束缚，将"冷冰冰"的铁疙瘩打磨成"亮晶晶"的零件，把精湛的技艺无私地奉献给了飞航事业，用他精湛的技能，撬动了"国之重器"。

知识小集市

中国航天科工集团公司是我国国有特大型高科技企业，由中央直接管理。集团公司内设有 4 个事业部，6 个大型研究院，职工 15 万多人，分布在全国各省市自治区以及 20 多个国家和地区。中国航天科工集团公司研制的国防产品涉及陆、海、空、天、电磁等各个领域。导弹武器装备整体水平国内领先，部分专业技术达到国际先进水平。

思想小引擎

你有自己擅长的技能吗？你是怎样练好练精这项技能的？你的技能还可以怎样精进？想一想，在你现有技能的基础上，还可以有哪些创新。

文化小支架

前世不同教，何古之法？帝王不相复，何礼之循？……治世不一道，便国不必法古。汤、武之王也，不循古而兴；殷夏之灭也，不易礼而亡。然则反古者未可必非，循礼者未足多是也……

（《商君书·更法》）

释义：以前的朝代政教各有不同，应该去效法哪个朝代的古法呢？古代帝王的法度也各不相同，又有什么礼制可以遵循呢？……治理国家不一定总是要遵循同一个指导思想，要使国家发展繁荣就不能墨守成规。商汤、周武王称王于天下，并不是因为他们遵循古代的法度才国家兴旺，商朝和夏朝也不是因为更改旧的礼制才灭亡的。既然如此，违反旧法度的人，不一定就应当受到非议；遵循旧礼制的人，不一定值得肯定……

悦读五

不创新，毋宁死

悦读提示

他是单位的“点子大王”，他说“不创新，毋宁死”，他把自己获得的 13 项国家专利和多项创新成果，都无偿奉献给了企业，他就是全国劳动模范杨春泽。阅读下面这篇文章，追寻杨春泽的奋斗足迹，感受创新的力量。

悦读文章

全国劳动模范、江苏省劳动模范、五四青年奖章获得者、中央企业青年岗位能手、十大最美通信人、中国电信集团岗位创新能手、中国电信十大感动人物……诸多荣誉与光环加于一身，熠熠生辉，但他从不自满，从不懈怠，从未停止奋斗和创新的脚步，唯恐辜负大家的信任和期望，他就是中国电信南京分公司党总支书记、高级工程师杨春泽。从一名普通员工到全国劳模，杨春泽一路拼搏，一路探索，创新成为了他工作过程中的主旋律。他擅长动脑筋，是单位的“点子大王”，按他的说法就是“不创新，毋宁死”，坚持创新已经成了他的工作常态。

2004 年，杨春泽拥有了第一个属于自己的专利。那一年 ADSL 宽带是当时的主流接入方式，但很多客户反映电话拨号上网问题多、常掉线。杨春泽暗暗通过各种途径寻找解决问题的方法，经过 6 个月的钻研、拆装、实验和调试，他发明了一款“ADSL 宽带新型电话机”，不仅降低了成本，而且克服了通话与上网相互干扰的问题。这个发明转化为产品后累计销量达 600 多万台。2010 年，他又研制出了一款同时具有发光、收光和“红光笔”功能并且价格低廉的光测仪，使得维修人员能够实现人手一台设备，大大提高了维护和修障效率。

工作的 13 年间，杨春泽陆续研制出了 FTTH 终端和 FTTO 一键通配置及排障系统、基于物联网的 ODN 测试仪、智能遥控器、密集线缆高效测试仪、DSLAM 端口快速测试仪等一系列新发明，获得 13 项国家专利和多项创新成果，他将所有专利产品都无偿奉献给了企业。杨春泽善于创新，工作更是兢兢业业，每次只要有任务，他都冲在最前面，挑起最重的担子。他和他的团队圆满完成了 2014 年国家公祭日、2014 年青奥会、2015 年南京国际马拉松等重大活动的通信保障任务，并实现了保障零纰漏、客户零投诉。

2011 年，“杨春泽劳模创新工作室”正式创立，吸引了多名有志创新的年轻人。杨春泽和这群年轻人不断碰撞新点子，激发创新灵感，进行创新实践。在杨春泽的带领下，工作室累计获得了 21 项国家专利，产生了多项互联网创新和岗位创新产品，先后荣获江苏省职工创新成果科技进步一等奖、江苏省通信行业科技进步一等奖等奖项，累计产生经济效益近亿元。工作室被评为“省示范性劳模创新工作室”。

杨春泽白天忙于工作，一刻也不得闲，根本没有闲暇时间搞研究，便利用业余时间进行各种实验和研究。晚上他经常把自己关在书房里，铺上一地的工具和书，东翻翻、西找找，不停地查资料，不停地实验，一点一滴地积累，经常熬夜到凌晨。他的枕边，总是放着一个小本和一支笔，随时记录迸发出的灵感。他的 13 项国家专利就是在这样艰苦的条件下完成的。

杨春泽最自豪、最开心的事情就是自己的发明能走进千家万户，给大众带来便利。他珍惜自己所拥有的一切，虽然取得了多项成果和荣誉，但依旧奋战在创新第一线。工作不息，钻研不止，杨春泽就是这样一个不断寻找问题，不断解决问题的人，创新模范，他当之无愧。

知识小集市

物联网是按照约定的协议，通过信息传感设备，把物品与互联网连接起来，通过信息交换和通信，实现智能化识别、定位、跟踪、监控和管理的一种网络。简单而言，物联网就是“物物相连的互联网”，包括两层含义：一是物联网的核心和基础是互联网，物联网是互联网的延伸和扩展；二是物联网的用户端既有人，又有物，物联网实现了物品及人与物品之间信息的交换和通信。

思想小引擎

“杨春泽把自己获得的 13 项国家专利和多项创新成果，都无偿奉献给了企业”，你怎么看待这件事？读了杨春泽的故事，你有哪些收获？

文化小支架

汤之《盘铭》曰：“苟日新，日日新，又日新。”《康诰》曰：“作新民。”《诗》曰：“周虽旧邦，其命惟新。”是故君子无所不用其极。

（《礼记·大学》）

译文：汤王在沐浴的浴盆上刻了一句警示自己的话说：“诚能除去旧染的污垢，不断地求革新，当日新又新，新新不已。”《康诰》上说：“还要鼓舞民众革新。”《诗经》上说：“周地虽是一个古老的邦国，到了文王却能自新新民，承受天命，建立新生的国家。”所以应当尽一切努力，做革新的工作，达到至善的最高境界。